清净在源头

释证严 · 著

复旦大学
出版社

目录

编者的话

近年来科技进展、人口激增、资源取用、建设开发种种，大为改变了地球长久以来的样貌。

尽管人们在满足基本的生存条件后，进一步追求美好生活是进步的动力；在追求发展的过程中，却不知不觉地引发出过度欲望，透支能源与资源、挑战大地有限的承载、逆转自然法则。有人认为这是人类的胜利，强调"人力胜天"的思维，忽略了人类本是地球上的一分子，终究生存在天地之间的大环境中；一旦居住之处受到破坏，人将如何安身？

证严上人多年前即提出"与地球共生息"、"顺应天理"，看似传统简单的道理，实是将先民智慧融入现代议题，与现今环境生态息息相关。尤其"肤慰地球"一语，含藏着宗教家如何以慈悲的胸怀、浩瀚的眼界，看待环境与人类的关系；将大地视如母，孕育众生，承载万物，无怨无悔地度过无始无尽的岁月。

　　然而子女无度的需索、破坏，母亲也有承受不了的一日，于是自然界开始气候不调，又屡屡发生强烈地震、大海啸、火山爆发、超级台风等，不都是在提醒人们是否该放慢发展的脚步，仔细聆听大自然所发出的危机警讯？

　　廿一世纪来临，环保议题已俨然成为显学，《联合国气候变化纲要公约》制订后，国际多次协议，至一九九七年达成"京都议定书"，具有强制效力减少各国二氧化碳的排放；再至二〇〇九年"哥本哈根会议"各国领袖汇集商议，提出二〇二〇年前的温室气体减量目标做法，可见联合国对改善地球环境的努力。各国政府相继拟定环保政策，民间则不断有知名人士呼吁，期唤起人类对环境的重视；各种绿色组织积极运动，经不同的推动模式，共同为地球村找寻未来的生机。

　　早在二十年前，上人看到一条垃圾飞扬的街道，心生不忍，于演讲中见会众欢喜热烈地鼓掌，应机而说"用鼓掌的双手做环保"，将关怀化为行动，带动慈济人开展了环保志业。当时的社会环境以经济发展为要，对爱惜物命、简朴为本并不重视,慈济环保走过一段不平之路,慈济人仍坚定善念,用爱铺设前行。

在现今种种环保声浪中,这群沉静、踏实、努力不懈的"慈济环保志工",一路走来,全台已有四千五百余个环保站,包括海外则总共超过五千个环保站,投入逾八万位环保志工,其中尚未包含短期参与或是在家实践的人数。

这些数据的意义,不在于大小或多寡,重要的是行动背后代表着:有多少被丢弃的物品,因重新加以利用而未变成垃圾;有多少勤俭的举动,减少了不知其数的碳排放;有多少的努力汗水,净化了山林、海洋,以及你我周遭的环境。

上人有感于环保志工们长年累月的无我付出,遂于二○一○年九月起,展开"环保感恩之旅",感恩二十年来致力环保的慈济志工们之余,同时也进一步将环保理念的再提升作阐释——慈济的环保理念与脉络,除了从心出发的环保如何落实在生活中之外,并能做到"清净在源头"的精质目标。

本书铺陈上人的环保理念,分为四部。第一部《从鼓掌的双手到肤慰地球》随着慈济史发展,从爱惜物命出发,鼓励人人勤俭、珍惜资源。在对物的态度中,蕴含爱的理念,如:致力于回收再制,垃圾减量;进而对大地、对自然产生敬爱,在意象上就是"肤慰地球"——以肌肤亲慰地球,双手实践理念。

第二部《从清贫致福到清平致富》,将理念落实于生活,减低对外在生活的追求,回归勤劳少欲的传统美德。上人将日本学者"清贫"的观念,转化为实践的道路,提出以勤俭为本,舍弃奢华,力行节能减碳;并且提升个人内在修养,培养平淡、平实的心境,以知足、简单为幸福基调,从外在的环保做到心灵的环保。

第三部《从温室效应到心室效应》由于温室效应加剧对环境造成的影响日益明显,缓和极端气候的良方,需从每个人调整心态与生活形态做起。回归简单生活,诸如素食、斋戒等,在生活中能化繁为简,汇聚善的效应,即能减少对自然资源的需求与污染,舒缓地球承载数十亿人口的沉重负担。慈济环保志工躬身实践,经年累月做大地的园丁,树立惜福爱物的典范。

第四部《从环保站到修行道场》从有形的环保场域,谈到无形的修心道场。目前慈济环保站已普及全台各地社区与海外,环保志工投入分类的身影成为一幅净化大地的美善图象。每一个人都能在环保站发挥良能,无论是内心忧郁者或是老弱妇孺,皆能投注心力做环保,引发源源不绝的动力。环保站不仅是分类回收的场所,也是社区的教育中心、修行的妙道场;外能学习各种知识道理,内能洗涤心灵,构筑净土愿景。

慈济环保渐次发展,以空间而言,是由点到线到面,乃至推行全球的立体网络;以时间而言,七千三百多个日升月落之间,全球慈济环保志工的步伐未曾停歇,净化大地与人心的理念一以贯之。上人提出"清净在源头"——万物归源,再制利用;也就是从家家户户做起,不让资源落地变成垃圾,直接减少垃圾量且节省从垃圾中挑拣资源的人力、清洗脏污的水资源,全面提升环保品质。

地球的环保需要大家伸出双手一起"做",慈济环保前二十年从"用鼓掌的双手做环保"开始,如滴水起涟漪般发挥善的效应;从现下起,汇集每个人的力量,以"清净在源头"为进阶起点,人人共同建构一个清净的地球。

第一部

从鼓掌的双手到肤慰地球

第一章
关怀环境化为行动

近年来世界各地气候失调，炎热的地方如火炉，寒冷的地方如冰库，还有森林大火、豪雨成灾等，种种灾难多与气象异常有关。

天灾频传起因于大地受伤害，追根究底无不是人类污染环境所造成的；污染出自每个人的生活，所以大家都要重视环保，时时敬天爱地，不要追求为所欲为的短暂享受。一般人以为"天长地久"，其实万物都有"成、住、坏、空"，大家共同疼惜、保护大地，不仅为了自己的此生、来世，也是留给代代子孙一个美好的环境。当前首务，即是提高警觉，于生活中减少污染，节省自然资源。

二十年前，应吴尊贤文教公益基金会之邀，在台中举行一连三天的公益讲座;行经一处已收摊的夜市,只见车窗外满地纸箱、塑胶袋、宝特瓶等垃圾,顿时感到很心疼——想想,这些纸的原料来自树木,需砍伐多少树才能造这些纸;塑胶袋四处飞,若掉入排水沟,将造成水孔堵塞,一遇大雨,不就淹水酿灾?那些随风滚动的宝特瓶千年都无法腐化;这些被丢弃的东西,原本都是有价值的物品,如今却都变成垃圾。

当天晚上在新民商工演讲时,大家听得欢喜,热烈鼓掌,中断了我的讲话;但却让我想起早上所见的景象,藉这分机缘当下便说:"是不是用鼓掌的双手来做回收。"①这是第一次谈到环保观念。

垃圾减量之要

回顾慈济环保志工初期投入,主要是回收纸类,曾听志

---

① 一九九○年八月廿三日,于台中新民商工演讲"七月原是吉祥月"中提及——如果能把垃圾分类,资源就可以回收、再生。比如废纸再制,就不怕资源中断。另外,把玻璃、铁类……等分开回收,你们鼓掌的这双手,就可以做垃圾分类。

工感叹："回收的纸价很便宜。"我说："没关系,我们不是为了要卖钱,主要是为了垃圾减量,以及爱惜资源。"陆续增加回收玻璃、宝特瓶、保丽龙等。环保志工又提到："厂商不大收宝特瓶、保丽龙。"我也说："不要紧,我们还是尽力做好回收,否则到处都是垃圾;回收后好好地处理,就不会堵塞水沟。"

那段时期常见新闻报导各地垃圾大战——垃圾囤积如山,公家机关要增设垃圾掩埋场,每到一处却都遭当地居民抗争;时闻民众将大量垃圾倒在公所、机关单位门前表达抗议。在国外也常有类似新闻,如近几年意大利一个城市垃圾山饱和,政府下令封山,另择一处开设垃圾掩埋场,却遭受预定地附近的村民抗争阻挠而延宕;然而人们每天仍持续制造垃圾,最后只好丢弃街头,造成满街垃圾的景况,甚至有人干脆在街上放火焚烧垃圾,警察取缔时与民众发生冲突,酿致暴乱。

大家都不愿自家附近有垃圾山,其实垃圾是人们自己制造,倘若人人都能负起责任,怎会有垃圾问题产生?

过去农业时代,土地除了供应五谷杂粮之外,还有棉花、琼麻等植物可以抽纱、织布制成衣物，天然资源即可供给人类民生所需；用到损坏后，经掩埋即腐烂变成有机养分归于土壤，成为植物的肥料。而且以前的人大多勤俭惜物，真正会变成垃圾的少之又少。

随着工业发达，进入石油时代，产生"塑胶"这项副产品，由于价格低廉、使用方便，广泛用于各种物品；人们容易取得反而不知珍惜，许多物品都还完好就被丢弃，这些垃圾即使埋了百年、千年也不会腐化。尤其垃圾堆中常见许多能回收的资源，还有完好的衣物、家具等，真的很可惜。如果大家惜福爱物，对每一项物资都能用心照顾、使用、疼惜，尽量延长物命，就不会这么快变成废弃物，制造出这么多的垃圾问题。

垃圾不仅在陆地造成污染，还祸及海洋——一九九七年有位美国海洋学家发现海洋垃圾涡流，范围不断地扩大，迄今估计将近美国德州的两倍面积，其中大部分都是塑胶制品；这些垃圾从何而来？许多人用了就丢，流进大海积少成多，漂流会合后就成为海上垃圾山。

除此之外，垃圾甚至上达太空，新闻报导因美国与俄罗斯的卫星相撞,吸引科学家对太空垃圾的注意力,发现太空中的人造物品,小至航天员丢弃的牙刷,大到发射卫星的引擎,数量竟超过五十万件;想想,太空原本空无一物,人类竟然可以将垃圾抛掷其中,在在令人忧惧。

由此可知,不只是地面、空气、海洋遭受垃圾污染,连太空也无法幸免。垃圾问题累积迄今,不仅科学家关注,也有考古学家到垃圾山做研究,开挖掩埋场的垃圾,竟发现三十年前的报纸并未腐烂,并且能清楚地辨识文字;这意味着数十年来,垃圾愈来愈多,囤积得过于拥挤,导致缺乏腐化的空间。考古学家还说:"从垃圾堆中,可以了解人类生活的历史过程。"

我们应自我警惕,多关心地球生态,以及人类的生活形态。

污染的恶性循环

全世界每个人不论种族、国籍、贫富都是天养地育,依赖土地而活。尽管目前生活不虞匮乏,但仍应戒慎;其实一旦土地、水源遭受污染,就无法种植作物。如工业进展的过程中,工厂排放出二氧化碳、化学毒素、重金属等,造成空气、水源及土地的污染,以致许多农夫辛苦耕耘之后,准备收割稻穗时,却检验出当中含有镉、锌等重金属,只能眼睁睁地看着丰收的稻谷全部被销毁。

曾见一则新闻报导,南部有位阿嬷在种菜,记者访问她:"阿嬷,您知不知道这个田的土壤和水都被污染,难道不会种出被污染的菜?"

阿嬷抬起头茫然地说:"没办法,我要生活。"

"这些菜都卖到哪里了?"

"可能都送到北部。"

在南部种植可能有污染的菜,会运送到北部贩卖,谁能确保自己不受影响?同理,人人生活在地球上,都是生命共同体,地球遭受破坏了,有谁能逃得过?

再想想垃圾山一堆又一堆,不断地将千年不化的垃圾埋进土地,如何种植?五谷杂粮收成愈来愈少,人类将来靠什么存活?连海洋也漂浮着垃圾,污染海水——人制造垃圾,鱼吃垃圾,人再吃鱼,这都是恶性循环;如佛教所称的

"五浊恶世","浊"就是肮脏,如海水、湖水、溪水不断地被污染,肮脏污秽的细菌交错繁殖,变成毒性更强的病菌,危及人们的生命健康。

有段时间爆发禽流感疫情——当鸡只得了鸡瘟而死,饲主与接触到的人也一个个传染生病,人人恐慌;后来才知道这是禽流感,与鸡、鸟等家禽有关。过去的生灵各有其界,病菌也都在各自的生态世界,如同有一层保护膜阻隔;现今这层保护膜被突破,人与动物间病菌不断地交叉感染,诸如口蹄疫、禽流感等一波波新的流行疾病来势汹汹,令人不安。

不仅如此,一时的人为疏失也会酿致重灾,影响长远。二○一○年墨西哥湾的油井漏油,原油漂浮海面数百公里,用了许多方法围堵还是无济于事;当飓风来临,海面的油污更加扩散,大浪将原油打上陆地,沿岸生态饱受威胁。大海里有各种水族,海底景观之美,可是人们不断地开采、取用,既破坏海底景观,也损伤水族的生命。

伊朗一口产量庞大的油井发生意外,大火不断地燃烧,浓厚的黑烟与烈火,不知会造成多大的空气污染?无论是海底冒出原油,或是地上的油井爆发火灾,大地如破了一个个的大洞,真是令人担心与心疼。

此外,匈牙利一家制造铝的大工厂,因为蓄积有毒废水的池子破裂泄出,造成人民受伤,也有人往生,数个村庄因此撤离居民;日后他们即使想返乡,这片土地也不能居住,遑论种植作物,况且有毒污泥流入多瑙河,使得下游的六个国家紧张不已。这都是人们大量制造,产生含有毒性的废弃物,一不小心就会造成重大灾害。

现代虽然文明繁荣,物资充足,但是工业发达的过程,制造许多垃圾与污染。生活中处处可见塑胶制品,如电视机、麦克风、椅子、塑胶地板等,还有宝特瓶,倘若随手扔弃,不仅污染环境,也会对环境带来意想不到的破坏。

土耳其有群学者研究森林大火起因,发现除了焚风及人为纵火之外,还有一个原因——宝特瓶。人们到了森林中,随意丢弃还没喝完的宝特瓶,瓶中剩余的水经阳光曝晒,就像玻璃镜的聚光效果,久了便起火,引发森林火灾。

星星之火能燎原,二〇一〇年三月冰岛火山爆发,喷出的岩浆足以融化山石,火山灰除了严重污染空气之外,还因笼罩欧洲高空,威胁飞航安全,造成航班全面停飞,交通受阻;而停飞的经济损失,每天以新台币数百亿元计算。当时慈济医院的林执行长、简院长及医师同仁等,前往英国参加世界卫生组织健康促进医学年会,也受到影响,被迫滞留英国,打乱了大家原有的计划。

地球上一处火山爆发,就能遮天盖地,影响全世界多少人的生活。同理,个人的心念若有一点偏差,对自己的人生、家庭、社会影响巨大,所以不要将做环保视为不起眼的动作,日常生活中微小的举动,都可能是利益众生或是危害大地;心灵调和,弯腰、伸手捡拾资源也能拯救地球。

让青山不再流泪

台湾中央山脉的山脊就如人体脊椎,人体脊椎俗称"龙骨",有造血功能的骨髓;骨髓若造血不良,就会影响身体健康,所以"龙骨"向来被视为最重要的部分之一。自然大乾坤、人体小乾坤都是同样的道理,中央山脉这条"龙骨",也是台湾地理上重要的支撑力,右边的功能遭到破坏,左边不可能还会健全。

每年侵袭台湾的台风,暴风圈一经过中央山脉后结构会被破坏而减弱威力;因此中央山脉也是保障西部的一道屏障,绝对不能再破坏它。非但不要破坏山的表层,也不应再挖其腹地,否则台湾的好山、好水将会因此消失。

保护山脉,水土保持是非常关键的课题。风灾后,曾见一张相片:有棵被锯掉的树,只剩下树根,经过台风大水冲刷,树皮都被剥除了,树根却如一张网子,网住大大小小的土石,未被大水冲走。仅仅是一棵树,就能网住一大片土石;若整座山都是大树,土地应不会受到如此严重的损伤,可见山林对水土保持的重要。平常下雨时,树木会吸收水分;据说一棵树最少就能吸收一到三吨多的水,再慢慢地释放到土地里,进入地下水脉;阳光会将地面湿气变成蒸气,回到天空形成气流,降下雨水,大树又再吸收,这是水资源的循环。

此外,树木还能释出氧气,散发芬多精。人类是"吐垢纳新"——吐出污浊的气,吸收新鲜的空气;树木则相反,是"吐新纳垢"——吸进污垢浊气,吐出清新氧气。无论对人类、对山体,树木实在是很重要。

气象专家表示,气候将渐渐地极端化,未来雨会愈下愈大,风会愈来愈强;山体若无树木保护,人类的安全也堪忧。一九九四年道格台风侵台,造成严重灾情,当时曾到南投县信义乡访视,脚下踩的是柔肠寸断的道路,一位年轻太太说:"我们四五分地的梅园转到隔壁了。"山上人家所说的"隔壁"都是数十公尺远,当下心想:怎么可能? 她手一指:"在那边。"远远的还看得到,真是不可思议。

我问:"他们门口的地呢?"

她说:"掉到山下去了。"

走到一座空屋前,房屋虽然完好,但是门前有条大沟;原来是走山之后,门前土地塌陷,变成一条深沟和一段落差,土地就像被拧过般,让人感受到天地威力之强。

近年来,台湾的山区受到天然灾难、人为破坏,已非常危脆。在南投,从一九九六年受到贺伯台风重创;接着一九九九年的九二一大地震,整座山如剥落一层皮,原本翠绿漂亮的山,瞬间变为黄土一片;二〇〇一年的桃芝台风,也造成了严重灾难;二〇〇九年莫拉克台风,瞬间豪大雨酿成山区的河水暴涨，滚滚洪水让巩固的水泥房硬生生倒下，大量土沙石跟着雨水冲下，以致山上有灾，平地受难。如此天灾连连，莫不与人为破坏有关；如许多地方雨林被破坏、森林遭砍伐，土地失去大树吸收水分，一下大雨就挟带土石直冲而下，甚至导致走山。

山上雨水冲刷土石，使得沙石堆积在河床、溪床上，愈积愈高，河流蓄水的功能愈来愈弱，因此动辄漫溢成灾。何况湍流挟带沙石滚滚，每每造成桥断、路断、山崩，就是因为水土保持不好；土地留不住水，时常不是干涸就是淹水。

人人少不了水，大乾坤也是如此，水如大乾坤的血脉，所以水资源也称为水脉；地底原有水脉，只是源头不断地被破坏，相对的，水脉就逐渐受到威胁。《经典》杂志曾探讨台湾的川流源头，从兰阳溪到高屏溪，走遍南北群山，溯溪探源，看到的结果令人担心，多处水源地都面临干枯的问题。

我们是否应自我深省？平时称日常用水为"自来水"，真的是自来的吗？同样要经过人工建造水库、水厂与铺设水道，若源头干枯，水龙头转开也不会有水。尤其台湾是缺水地区之一，我们应惜水如金，况且金子在饥饿时无法吞食、口渴时不能饮用，唯有水才能解渴，延续生命。

水，可以造福人间也会造成灾难；水资源的缺乏与过剩，都是不调和，人人应与天地共生息，此时重要的是不能再破坏山河大地，同时要珍惜水资源，有一分顺于大自然的态度。即使现在建筑有很好的收集雨水设计，也需要有雨水，万一不下雨，再完善的建设也无法发挥功能。

人类用水无度，还要不断地开井挖掘，抽取地下水；大地如同人的身体，挖掘地表就如挖皮肉，挖到见水时，挖断了水脉，水就不断地涌出，不就如同深及人的血脉？现在人们推广绿色建筑，除了空气要流通，尽量能自然采光、雨水回收之外，还要避免完全用水泥覆盖土地。其实从九二一大地震后，我们援建大爱屋、希望工程时，我就坚持要"让土地呼吸"。

"土地会呼吸"，大家以为是形而上的哲学，其实是平实的"物理"——地球万物都有一定的道理存在。记得有天清晨在静思精舍静坐时，感到大地在呼吸，声音很明朗，顿时觉得地球是活的，地表有毛孔、也会呼吸，就如皮肤；人的皮肤一旦受伤、毛孔受阻，汗水无法排出，体内热气就会闷住、生病。

目前都市中的大地毛孔,都被水泥与柏油掩盖封闭,热气散不去,当然会愈来愈热。因此提倡铺连锁砖,让土地能呼吸,人也好走路;下雨时,雨水能直接渗透,回归大地,以此呵护、恢复大地健康,让水源不断。

地球是所有生命的依靠,既然人人都生活在地球上,应负起保护地球的责任,为大地出一分力量,保留青山、清流,让地球寿命更长、更健康。环保不只是口号或理想而已,必须身体力行,才是真正对地球有帮助,能为子子孙孙与自己的来生来世留一个健康的地球。

第二章
惜护资源续物命

　　如何保护地球？这是当前世界的一大议题，各国纷纷推动环保——爱护地球，节能减碳；而资源回收是让垃圾减量的妙方，能避免垃圾愈来愈多，扩大污染。再者，现在人口快速增加，物质的需求也愈多，如果将回收的现成资源分类再制，让原本的垃圾转为新的物资循环，物质不欠缺，也不必不断地开矿、砍树，消耗大地资源。

　　资源回收是让物品已被废弃的生命，能收回来再利用，如同回魂般发挥再生的生命，这是物命的轮回。爱护地球就要做环保，为代代子孙留一些资源；大家应从自己做起，落实社区环保，关怀社区环境，进而推展出去，影响世界潮流。

惜用资源尽物力

大家每天都在制造垃圾,不过有时被人丢弃的物品,真的是垃圾吗? 有一次我经过一处慈济环保站,进门看到一排很漂亮的桌椅,伸手一摸,材质很好。

身旁一位师姊说:"师父,这是人家丢弃旧的'八仙桌'。"以前八仙桌都是用很好的原木料所制,我们的环保志工看到有人弃置不用,就会回收回来,稍微损坏的就动手修理,有些还完好堪用,只是旧了、脏了,用心刷洗后,又是焕然一新;经过整修,他们就当作开会用桌,再搭配一些椅子,看来就很整齐。

现代社会物资充裕,有的人反而不会珍惜,许多物品都还完好可用就被丢弃。如那些八仙桌,还有许多沙发、橱柜等,都是人们搬家或旧屋重新装潢整修时所丢;若非环保志工捡来再利用,就会被拆解变成垃圾,真的很可惜。想想原本花了不少钱购买的物品,轻易地变成了垃圾。

人往往为了"欲",而产生消费心态;然而欲念没有止尽,购买无度,而后又丢弃成为垃圾。一天,到台北慈济医院的环保站走动,看到许多漂亮的物品——衣服、鞋子、雨伞、玻璃与陶瓷艺品等,应有尽有,犹如委托行。有位慈济师姊来看我,穿着一件漂亮的衣服,我多看了她一眼,她就对我说:"这件衣服就是在这里买的,是回收的。"

还看到好几件布料不错的新西装,连卷标都没拆,心想:怎会有那么多件新衣服? 听到环保志工说:"这都是回收人家不要的。"其实若是参加正式场合,穿起来也是很体面、有型,为何还要不断地购买呢? 工业发达,大量生产物品;消费过度就是浪费,不断地汰旧换新,成为一种恶性循环,最终成了垃圾,看了感到好不舍。

环保志工珍惜物命,尽心尽力回收,让它们重生,再发挥功能。做环保不仅是疼惜物命、延长物命,同时也延长地球的寿命。物品的寿命,就是被利用的时间;如我年轻时亲临的经验:看到一只手表,表店的人说:"这只表保证几年寿命。"刚听闻也觉得说法很新鲜,其实就是可以让我们使用几年;或如医院采购仪器,厂商同样会说仪器"寿命"几年。若能珍惜物品,使用久一点,就是延长物命。

除了疼惜地球、疼惜物命之外,还要勤俭。有句话说:"大富由天,小富由俭",不只是自己俭,还要教别人俭;尽量做好回收工作,回收使用就能减少资源开发,不用砍树、开矿、抽取石油。

地球资源有限,人口愈来愈多,如果资源耗用殆尽,将来该怎么办? 所以要节省使用大地资源。以生活方面而言,个人一天衣、食、住、行,所用的物资有多少? 仔细计算也很可观,大家要爱惜天地万物,不论任何东西,都要疼惜它,即使是一双筷子也不要看轻它对大地的影响。筷子用得妥当,也可以保护地球与自身健康;用得不妥当,就会破坏地球。

过去有段时间提倡免洗概念,用一次就丢弃,以此鼓励消费并刺激商机,导致垃圾量惊人——一个人一日吃三餐,如果餐餐都用免洗筷,每天就要丢掉三双筷子;一家若是五口,就要丢弃十多双筷子,而一个社会、一个国家的人口有多少? 还有,筷子是用木料、竹子所做,丢了岂不暴殄天物? 俗云:"病从口入",慈济十余年来提倡随身带环保碗、筷、杯,我们要保护健康,吃得有美姿又卫生,随身携带餐具不仅是人文美德,也能保护地球及自己的健康,两全其美。

有人会认为:何必如此勤俭?物资这么多,不用白不用。其实物资人人都可用,只是勿忘物资来源不易,而且物用有余,可以布施,爱惜物命,也是勤俭的美德。

回收再制

"春、夏、秋、冬"四季在一年之中循环,万物也有"成、住、坏、空";随手取得一张纸书写,这张纸从何处来?需要纸浆造纸;纸浆从何来?需要树木制造;树木无论大小株,都是从一颗毫芒的种子成长茁壮而来,这些物理也都在循环中。纸张制成后,就从"成"到"住",即是让人使用的过程;使用过就"坏"了,最终消灭成"空"。倘若能深知万物循环道理,平时就会懂得珍惜物资。

然而物质是否真的"坏"了?坏了是否就成"空"了?应以智慧看待。一支铅笔能用到多短才是尽其用?曾见慈济志业体同仁将已经无法握紧的极短铅笔,接在笔管上,还能很方便地继续使用;也有人回收破损的厚衣物、牛仔裤等,剪开拼接做成围兜、手提袋等,用一分巧思即能延长物命,尽其所用。

此外,透过回收能让资源再制,就如物命重生,从"坏"转为"成",再获得新的物命。工商社会鼓励消费,人心被物欲遮蔽,变得不单纯,所以生活奢侈,贪婪无度;若让下一代从小就养成名牌观念、奢华浪费,未来该怎么办?我们要引导大家保有人性的纯洁,人人都是依赖着大地与万物生活,应以感恩心回馈大地,珍惜物质,对于物资一点一滴都舍不得浪费,也是一种疼惜的心。人人若能惜福,物命耐用,如何会有垃圾?而且就不必担心物资会耗竭殆尽,大家都能有丰富的物资能使用。

其实天地万物生灭变异,物废归源又复生。环保志工知道大地能源有限,物资可以回收再运用,所以多年来推动环保回收、分类,用智慧与爱心为这一片大地,为社会人类所需要的物资循环再利用;我们有一群科学家、企业家,也很用心,组织起来付出让废物重生。

物理是永恒的,而万物的形体能随相受用。如宝特瓶放在大家的眼前,都能毫无怀疑地说"这是宝特瓶",因为形状、体积都已固定；其实制成宝特瓶的原料也能制成水桶，水桶可装净水或污物，都是随其形象而受用。不论制成的成品是什么形，废弃后再复原，还能换另一个形再利用。所以将丢弃的物资回收，并且回归干净的原料，还能再制造上等物料，提供人们使用。

万物皆有道理，法都是相同，我们要多用心体会天下物事，包括人与天地万物，生灭、生死都在轮回中循环不息，物命再生的道理也是一样。环保回收要持续广泛地提倡、推广，现在国际间凡是环保材质都较昂贵，譬如回收再制的纸，比使用原始纸浆制成的纸还要贵，那是因为再生纸的数量尚未普遍，因产量不足，当然就比较贵一些。若能大量回收、生产，价格自然降低，人们普遍可以使用，便无须再伐砍树木制成纸浆来造纸。

尤其现代的科技发达，再生的纸张，已能再制成精美可印刷的纸。其实以前已有回收再制纸，称为"回魂纸"，只是技术没有那么进步；又如早期的"粗纸"，多数即是用回收的纸再制，那时是社会风气普遍勤俭而发展的。现今的慈济环保志工是不舍树木被伐，疼惜大地，而勤于回收各种不同的资源。

　　每一种回收物有其不同的资源类别,塑胶有塑胶的用途,铜有铜的价值。每次到慈济环保站参观,志工们都归类得非常整齐。纸类分类得很仔细,好像在剪纸一样的细腻,因为纸类的回收再利用,与颜色有很大关系;若是纯白的纸,厂商就容易再制,所以环保志工们,连小小的一块白纸,都会剪下分类,纸头虽小,但能积少成多。

　　还有塑胶袋,也是很细心地分类,在我看来同样的塑胶袋、塑胶纸,哪有什么差别? 可是环保志工们很专业,只是用手摸一摸、揉一揉,听声音就知道是属于哪一种类的。真是用功投入都是专业,还有其他的铜归铜,铁归铁,锡归锡,样样都整整齐齐。

　　大爱台节目"发现",有一集介绍电视、电脑等高科技物品,内部材料都含有真金成分,真的是"垃圾变黄金"。其他如已渐渐被淘汰的录影带、录音机等,许多被废弃的物品,都深藏很高的价值。

　　资源无不含藏在大地里,持续被消耗的结果,就如金库原本存有许多珠宝,若常常取出使用,久了金库也会空。因此应珍惜含藏在大地里的资源,至于已取得的资源,能不断地重复使用,就不要轻易丢弃,既浪费又造成污染与垃圾问题。

只要用心回收,仔细分类,垃圾也会变成资源——提供再制,成为新的用品,就不必多消耗大地资源。人口愈来愈多,所需求的物质也愈来愈多,如果大家都能做好回收,物质不欠缺,垃圾也会减量。

垃圾减量

二十年前,我们刚开始推动环保时,有位英国教授来到台湾参访。那时我刚好在台北,他来与我见面,我问:"教授,你到台湾这几天有什么感想?"

他回答:"台湾像是一个昂贵的贫民区。"我听了很惊讶,也永远记得这一句话。

当时社会流行使用"即用即丢"的免洗碗、筷,鼓励各种消费,所以不论是吃的、用的,都制造出许多垃圾,到处是垃圾满地的情景,让这位教授用这样一句话形容台湾。然而长久以来,我们已渐渐地看到推行环保的成果;相信这位教授此刻再来台湾,就能看到台湾蜕变为环保王国。

在新店我们有一个屈尺环保站,环保志工每天会向游客劝说:"你们来这里观光游览,请把垃圾带回去。这里是水源头,若是造成污染,这些水最后都是自己要喝。"游客听了,都会将垃圾带走。

"时间、空间、人与人之间"都应努力推行环保,尤其担心众生偏差的观念、心态、见解,不断地点滴累积;这种心态污染,将整个空间、气候、大地,加深污染造成灾难。

元宵又称作"小过年",本意是想求得平安,然而大家因固有文化点灯、玩乐,制造乱象与二氧化碳,更是耗费电力。在这样的情况下,台中有一群环保志工,在灯会场所宣导环保;他们主动上前劝导垃圾分类,也宣导环保意识,有不少年轻人因此帮忙动手做分类,令人感动。可见得不是不懂事,而是需要有人引导。就如每年妈祖诞辰期间也是产生许多垃圾,大甲的慈济人同样在街道上不断地清扫,带动他人投入。

社会的风气应该要是人人克己复礼,民德归厚,就不会群众拥挤，进进出出造成碳足迹，也不会因为炫耀心态，就制造垃圾、消耗能源。

近年来环保意识逐渐受大众注意，慈济也增加许多环保站，这些环保站多是善心人士提供场地，环保志工回收九二一援建的大爱屋或临时教室搭建而成；环保志工搭得很漂亮，整理布置得非常好，不仅可以做环保，有的还推广茶道、花道、手语，如一个大教室，很有品质。环保站本身就是一个很好的珍惜物命、再造物命的范例。

尽管已有许多人在做资源回收，但是消费的人愈来愈多，所丢弃的物资也愈多。不要以为随手一丢没什么，除了造成环境脏乱之外，垃圾会阻塞下水道，一旦降下大雨导致排水不良，就是淹水的原因之一。天灾往往起自人祸，佛陀教育我们"众生共业"，其实众生既然能共恶业，也能将恶业转成福业——转变原本"自扫门前雪"的小爱，化为大爱，汇聚众人的爱心，就能保护社区，顾及普天下的安危。

有一年，大林地区连续豪雨酿成水灾；当水退时，我们就到灾区访视，许多灾民都告诉我："淹水时，水淹到半楼高。"

我说:"看不出来,怎么都没有垃圾?"

若是在过去,水灾过后往往满街垃圾,现在看到的街道都很干净。这就是因为平常做好资源回收、垃圾减量,所以淹水时,没有垃圾浮在水面;水退后整条街道不会残留垃圾,也不必动员许多人清扫。

环保的成果不仅限于此,在人口增加快速的现下社会,垃圾量应比以前多得多;然而因为环保意识提高,大家会做好垃圾分类、资源回收,垃圾反而减量。诸如有次桃园要盖两座焚化炉,居民坚定地反应盖一座就足够,事实证明果然一座焚化炉就能处理垃圾的问题。曾听官员说:"感恩环保志工,目前营运的焚化炉就已经绰绰有余。"

建一座焚化炉耗费巨资,不仅省下公帑,主要还是保护环境,环保志工功不可没。

有人会觉得:做环保真的能救人类吗? 当然可以,因为环保能改善环境卫生,对人类健康有帮助;此外,将资源收回分类再制,不仅能为子孙保护未来的地球资源,还能提供社会丰富的物资,人人的生活负担也不会那么重,这就是"善的循环"。

🖋 爱的效应

现在世界许多国家都在推动环保,然而有多少人愿意做回收?何况回收的是垃圾,必须用心整理分类才能成为有用的资源,这不是一件容易的事,但是有心没有做不到的事。慈济环保志工聚集大家的爱心,不仅回收的数量多,还讲究品质,已受到国际的瞩目与重视。

二〇〇五年联合国在美国旧金山举办"世界环保日"大会,慈济受邀参加,而且是唯一被邀请上台分享的团体;当时由慈光师姊代表,演讲得非常成功,与会的各国人士因而了解,原来慈济是来自于台湾的佛教团体,对环保的推动及品质的提升不遗余力,环保志工遍及社会各角落、阶层,不同的年龄、背景、行业,包含教授、博士都投入环保。

二〇一〇年七月佛教慈济基金会经多年申请,严格的审核,长时间的观察,终于正式成为联合国经济及社会理事会"非政府组织具特别咨询地位之会员",并于九月初澳洲举办的联合国 NGO 年会中,受邀以"水资源"为主题参展与演讲。

慈济人准备了印尼的红溪河整治经验,还有甘肃援建水窖为题参展。从印尼的红溪河,我们提出人人需要具备环保观念,否则一旦环境没有保护好,或人民生活不均,富裕先进的大城市也会同时存在肮脏、与垃圾为伍的生活,互为影响,形成恶性循环。

再看甘肃严重缺水,我们虽已援建一万九千多口的水窖,却仍需仰赖天降甘霖,滴滴的水收集在水窖,得来多么不易——不只要供应饮用与洗涤,还要润湿大地、灌溉作物。

生在富裕、环境便利下的我们,生活只需水龙头一转,就有干净的水。可知这些净水除了来自大自然的水源之外,还需经过水库的处理,各种水路管道连接,其中更需多少人的付出;单单这一点,就要珍惜每一滴水,用在手上,喝入口中,都应心存感恩。

慈济将这样的议题在澳洲展出,透过慈济人亲自走过的足迹,由人文志工留下的影像资料,两三天的时间,吸引七十个国家的 NGO 人士,有一千多人前来参观,不仅参考我们在学术上的理论,更重要的是观摩慈济人所做的行动。

　　许多慈济人都已成为一颗颗有着大爱基因的种子,在全球各角落,逐步地萌芽、茁壮与再传播,诸如身在约旦的济晖居士,在伊斯兰教国度中步步落实"为佛教、为众生",单打独斗,很辛苦。他身为约旦亲王的侍卫长,无论是在皇宫里,或是国王、亲王的面前,都是以虔诚的佛教徒表现,还引领皇家成员从事慈善工作。

　　在做慈善之余,他也不忘投入环保,亲力而为,还请侍卫、皇宫里的人帮忙捡拾回收物,他们最后都会收进济晖居士家中做分类。靠着这些得之不易的资源,每个月便能照顾数十户的长期照顾户,每两个月发放物资给难民。

　　在马来西亚吉隆坡的中央医院,是一所拥有四十多个医疗单位的大医院,在妇产科任职高级顾问的伍医师,于二〇〇六年经朋友介绍慈济,心生向往,隔年便参加慈济人医会,认为慈济的四大志业值得用心、尽形寿付出,因此投入慈济的行列。

　　她了解环保的重要性——人人若是做好环保,就能节能减碳救地球;便发愿要让大家做环保。起初她进行宣导时,用的是"一指神功"——指派各个单位做好资源分类。令人感觉:我工作都忙不过来了,哪有时间做分类? 或是感到:怎么能用主管的身份强迫我们做。总是不予理会,或者随意应付。

于是伍医师深深反省:不能只动口不动手,要身体力行,放下身段。她开始走到每个单位,不只是说好话、宣导环保,还利用时间亲自做回收;许多人都被她感动,也有护士不但支持她,甚至回家教育孩子,让儿女跟着一起做环保,在家中先将回收物整理干净才拿到医院回收。

由此可见,身教优于言教,光是一地做环保还不够,需要宣导天下人人一起做;然而如何将"人人都能做环保"的讯息,真正送到全世界各个角落? 大爱台就是一项很好的媒介。台湾的环保志工可以做一个典范,让其他的国家观摩,还能让不断呼吁的国际学者,看到就能知道,环保就是要亲自动手做。所以可以靠大爱台撒播爱的种子,呼吁人人伸出双手,百手、千手、万万手呵护地球。

其次,在各地的慈济人也是一股力量,二○○九年,菲律宾遭受凯莎娜台风侵袭,让马利仅那市陷入水深火热之中，那时慈济人采取以工代赈帮助他们，影响所及，已有数千人投入慈济志工行列。他们虽然物资贫穷，但是心灵富有，每次有灾难发生，都能助人、救人；除了济贫教富之外，还希望能资源回收、推动环保。

后来菲律宾慈济人中有位蔡居士发愿，要动员当地人认真做环保。不到一年，已成立九十九个环保站，还有两个环保教育站；他们甚至到清真寺宣导，请教长观看我所说环保观念的影片，教长看得入神，听得用心，也欢喜支持，因此在清真寺里也有一个环保点。

在香港，由于地狭人稠，想要求得一点土地做环保站，谈何容易？而且香港人非常忙碌，要人们能放下身段，腾出时间做环保，更是难上加难。然而，有心就不难。

香港的慈济人发心立愿，把握时间身体力行做环保、推动环保理念，他们向市政府借一块天桥下的土地，其实只有十多坪大，慈济人在做的同时也散发海报向过路的人宣导，希望能广招大家做环保。有的人用异样眼光检视，还有人轻蔑地接过海报，一眼都没看就丢弃，然而这群慈济人从不放弃，每星期进行一次夜间环保。

第一周与第二周人们好奇围观,第三周就有人参与。还有台商因为知晓台湾的慈济,看他们投入、宣导,主动询问:"真的是台湾慈济做环保吗?""是的。"听到肯定的回答,当下便成为一员,也有人带孩子来做夜间环保。每次做完了,大家就会一起清扫,保持干净。

　　当地的回收商看到慈济人回收的物资都很干净,便乐意配合慈济。即使慈济人做完分类时间已晚,回收商早就关门休息,还会在门口为慈济人放置两个大回收箱;隔天一早慈济人就会接到回收商的电话:"你们的回收物已经计算好收购价格,可以过来拿钱了。"这都是用爱心感动人心,爱的效应互相带动。

　　慈济人为了宣导资源回收,作了一首闽南语环保歌《人人做环保》——垃圾、垃圾唔通黑白倒,垃圾、垃圾给人真烦恼。这首歌已传唱、落实在四川洛水,当地慈济环保站有专门运载回收物的三轮车——"慈济一号"、"慈济二号"……"慈济五号",当地的环保志工将扩音喇叭放在车前,一群人早晨便出去,很有朝气地唱起闽南语的环保歌,整个街头巷尾都能听到。

在马来西亚,环保志工开的回收车,只要播放慈济的环保歌——《人人做环保》,家家户户就知道要拿出回收资源,也整理得很干净。他们距离台湾遥远,许多理念都是从大爱台接收,立刻跟进,却能做得非常贴近。

在台湾垃圾车播放的音乐多是"少女的祈祷",如今在屏东潮洲也用"人人做环保"当作垃圾车的音乐;每当垃圾车出来的时候,让大家都听得到,也懂得人人都可做环保。看到许多人都在做环保,感觉地球有希望,期望环保带动能扩及天下,人人都能用佛心疼惜地球、照顾人类。

第三章
和顺天地爱地球

佛典中有则故事——有位丑陋矮小的夜叉,大摇大摆地坐上天帝释的位子;其他天人看了,很生气地责骂:"卑微的夜叉身份,怎么可以坐上高贵的天帝释大位?"这位夜叉尽管被众人辱骂,还是如如不动,而且身体愈长愈大,形象也变得庄严。天人觉得很不可思议:为何一直骂他,他非但没有反应,反而不断地长大?天帝释知道后,抱着恭敬心来到这位夜叉面前鞠躬,还拿着香炉表达尊重之意,并说好话赞叹他。夜叉愈被赞叹,高大的身体慢慢地缩小,恢复原本的形态,不久后就消失了。

佛陀依据这段传说对众比丘说:"我们不要有瞋恨的心,对天下万事、万物、万理,都应以恭敬心顺从。"

反观现代科技进展快速，人类常认为"人力定能胜天"；其实天地含藏"地、水、火、风"四大，若是一大不调，人间就有灾难。

地载万物生机，人人都是依地而居，无论到任何一个地方仍是在土地之上，仰赖四大调和平安地生活；若是不断地扰乱天气，破坏土地，即是违背、抵抗大自然，结果是否就如天人、夜叉的故事一般，所以面对天地万物，应以恭敬心尊重、顺从，自然就会调和相安。

敬天爱地顺自然

近几年来，世界频传令人不安的警讯——智利有条冰川因为气候暖化，化成湖泊已有段时间，有天因地震而流向一条溪，转眼间就干涸了；在美国田纳西州，四月间反常地降下暴风雪，伴随着龙卷风，酿致数千户人家停电、停水，这都是很罕见的气候与地质变化。

天候转变为何如此快速？其实与人类活动息息有关。森林是大地的守护者，不仅保护水土，还能供应清新的空气,调节气候;然而根据新闻报导,近十年来遭到砍伐的林地面积,已逾一百三十万平方公里,需要每年种植一百四十亿棵树,连续十年从不间断方能弥补。

一棵二十年生的大树,仅能制造五十公斤的纸浆,除了造纸之外,人人的住处、用品等,都需要树木制造。砍伐树木只是一瞬间,而一颗种子需要经过十年、百年才能茁壮成木。一棵树的功能不仅仅于木材的供应,重要的是能吐新纳垢、清新空气,做好水土保持、涵养水分,有些树种还能提供累累的果实给众生食用;若能不伤害林木,它就能不断地发挥功能。

倘若过度砍伐树木,又无法及时造林,后果会是如何?在甘肃武威市有一个村庄,名叫八步沙村,村名的由来是因为附近原有一个八步就能走完的小土丘;然而村庄的现况与村名已是两回事,长年沙漠化的结果,目前当地是一片将近七万亩大的沙漠区。

沙漠化不就是人类与自然争地所造成?欣喜的是,在这片土地上看到了希望:有位郭先生从小跟随父亲对这片土地立下宏愿——种植植物防沙。他回忆小时候,父亲一行人仿效愚公的精神,在沙漠地上种植物,为了防止小树苗被风吹毁或被羊群啃食,他们造了一间土坯房保护树苗,并且夜宿于此以备万一,晚上睡觉风沙一吹,满嘴都是沙。不畏辛苦用心照顾至今四十余年,已能看到一片绿油油的草地,还有十数种植物做成的防风屏障。

由此可知,既然是人类造成的破坏与污染,只要大家能觉悟,付出一分心力,拯救大地并非不可能。这必须要人人戒慎、虔诚、合心协力,同时表示我们要敬畏天地;例如气象报导台风将至,就应提高警觉,戒慎表达敬天爱地、对大自然威力的敬畏之心。这并非迷信,能戒慎即是自己有所准备、防范,尽心尽力就是虔诚,自然能减轻灾害;事后也不要因为风雨没有预期大,或未酿成灾害,就松懈埋怨:"白费准备。"仍应抱持感恩与尊重的心。

风、雨、水、地、天等,皆有各自不同的神祇,人也有心神,其实都是自然的道理。大家的心若能虔诚,良知良能就能与神互通,因此人不要自大,要缩小自己,以天地为大,顺应天理才能远避灾难。

俗云:"人若不照道理,天就不照甲子",宇宙大乾坤原有其自然法则,如以往春、夏、秋、冬四季循环,气候分明;然而近年来温室效应加剧,气候变得寒暑难分,天候紊乱,这就是异常。雨季时,滴雨未下而成干旱;一下雨就是暴雨,大水漫流,造成灾难;该是寒冷的冬季,出现暖冬现象;春暖花开的时候,却大雪纷飞,这不但会带来灾害,还严重影响农作物的成长。

古时农民将一年分成廿四节气,顺着节气运用智慧,把握季节顺序,身体力行耕作,这是天时、地利、人和的结合。随着不同的季节,生产与其应合的五谷杂粮、蔬菜水果;譬如在市场看到茼蒿,就知道年关将至,看到萝卜即知此时是冬天。

现代则为了整年都能供应各式作物,以人为方式改变自然,除了需要额外耗费能源之外,还过量使用肥料、化学药剂,刺激植物大量生产,喷洒农药以避免菜虫。其实大地之上生物与作物之间关系密切,如昆虫能提供土地养分,为土壤保持自然法则的循环,作物则给予昆虫必要的粮食。以往稻田收割后,能看到白鹭鸶散步田园觅食的自然景象,现在很难得看到了。

生态原本自有相生相克的平衡机制，而今都受人为所破坏。如农药杀伤力很大，所有生物都难以幸免，农药残留更是有害人体，肥料会破坏土质中自然有机的部分。

耕耘能否收获，仰赖的是气候与大地的调和；四大若有一大不调，天下就会乱序，五谷杂粮也无法耕种，遑论收成。近来常听到粮食危机，也让苦难人更苦，穷困人更穷，多少人在饥饿中苦不堪言，甚至人道精神团体要救灾，也面临有钱买不到米粮的困境。

联合国提出警告，全球人口剧增，加重地球压力，人类又不珍惜环境，不断地制造破坏与污染，地球很快地会到无法恢复的地步。

近年来，我们提倡"敬天爱地聚福缘"，因为万物众生都居住在"天盖之下，地载之上"。"敬天"就是顺天时、应天理，照顾好自我的一念心，提起道德理念，展现无私大爱。俗云："举头三寸有神祇"，疼惜大地万物，就能培养一念善心，不仅是人生最虔诚的心，也是一分爱的力量。

"爱地"，就是要造福人群；想想每个人双脚能踏在土地上，要知恩——感恩大地的负重忍辱。土地有宏、厚、忍、劳的特质——广大厚实又有忍力的大地，无论干净、脏污，细微或厚重，都任劳任怨地承载着，任凭众生破坏、污染，我们能不疼惜、爱护这片土地？真的不要再破坏大地了。

如何缓和极端的气候？唯有改变利益私己的心态；如何改变私利的心？佛陀在二千多年前就已教育众生"无常"——天地万物随着季节有繁荣、凋零等，无法恒常维持原貌。人心若能清净，无恶、无贪，所发挥的就是无私的爱，自然造业的人少、造福的人多，污染大地、空气的行为慢慢减缓，气候就会逐渐恢复正常。

让大地休生养息

宇宙无涯，然而地球承载有限，大地能有多少资源供应众生？一九九〇年，联合国订定每年的七月十一日是"世界人口日"，希望能藉此提醒大家关注人口问题。科学家曾估算，地球只能养活一百亿人口，一旦到一百五十亿人就有重重危机。

对于人口问题我想深入认识，于是请《经典》杂志的王总编辑查一查,二千余年前佛陀时代的世界人口数;他查到不同记载:五千多人、八千多人,最多的是二亿人口。据悉在公元一○○○年时全球人口有三亿,公元一六五○年约有五亿,现今全球每秒钟有三人出生,每天约二十五万新生儿,每十二年就增加十亿人口,二○一○年全球已逾六十八亿[①],地球的确很拥挤了。

人口快速增加不仅要面对粮食危机,还加上每个人呼吸的污染——一千多年前的三亿人口呼吸,空气品质应该很新鲜;现今六十八亿人口的呼吸量,会增加多少浊度? 佛云"观身不净",人人的身体都不干净,呼出的是浊气;人愈多,浊气浓度愈高。

尤其人心的不平衡——贪、瞋、痴,人类原本所需不多,靠着地表的土壤、水、空气,就能维持一切生活所需;却追求享受而过度耗费资源,诸如为了满足口欲,大量饲养牲畜,喂食动物的粮食、水源远远超过人类自身所需,造成恶性循环,也在天地间造成许多破坏、污染。也许有人会说:"我没

---

① 根据美国人口普查机构的调查显示,全世界的人口数在二○一○年二月一日时,已满六十八亿。

有养猪、养牛,也没有做污染空气、破坏大地的事。"其实人人不仅呼出浊气,还有每天的排泄,谁不制造污染?

四大不调不就是大地的病态? 地震,是地大不调;干旱、洪水,是水大不调;台风、龙卷风,是风大不调;森林大火、高温炎热,是火大不调。四大不调造成万物灾难,起因即是人为。人类的破坏之可怕,能从历史中考究出来:有一群热衷于地理环境、生态研究的学者,找到一千六百多年前的一个遗迹——楼兰国。楼兰国是欧亚丝路上的小国家,由于是贸易必经之路,曾经繁荣一时;然而繁荣鼎盛的国家,为何会消失而终被沙尘淹没?

考古学家在遗迹上发现残余的麦,还有木材,证明这块土地过去曾有良田、森林,是绿意盎然的地方。原本当地有许多胡杨树,在楼兰人的日常生活中,用途很广,不但可以作柴火、家具,他们还会用一种小管子取胡杨树汁治病。研究显示,可能是因为通商,人们来往密集,而人类总有一分贪念,所以大量砍伐树木,导致沙漠化及小国没落。

鉴古知今,我们应该深引为警惕,尤其现代人破坏地球的方式与速度,与古代完全不同;过去只是用人工砍伐,现今是用重机器开山、深掘，令人胆战心惊。

人心欲念无穷，为了物质享受，不断地向自然争地。传统乡村纷纷开发成为都市，绿油油的田地、果园，变成高楼大厦林立的大都会区，人口愈来愈密集，交通愈来愈繁复，泥土地搭建起一层层的高架桥，高山的森林被砍伐供应家具、造纸原料等。

尤其高山地区的林木保育被忽视，长期开发，从日据时代，日本最好的建筑物都是取台湾的桧木建设。光复之后，公家机关为了提升经济，开放木材外销，大量砍伐台湾的山林，后来发觉水土保持受到破坏，于是禁止伐木，不过盗伐仍时有所闻。

除此之外，不断地在山区开路，发展观光事业。曾听学者分析："砍伐树林让大地所受破坏为原本的十倍，开路则是百倍。"有路就会有破坏，每次看到风灾受创严重的地区，空照图是整片山崩垮，真的很可怕。有位教授曾告诉我："过去山上下雨超过一千毫米会面临崩塌，现在则是一百毫米就会崩塌了。"

因此山区的水土保持必须重视，如日本政府在二次大战后为了保育森林曾下令禁伐，年限将届前再度延期，希望能以超过百年的时间，让山林好好地养息。台湾土地不大，连续重大天灾过后，应该让受伤的土地有一段长时间的养息，让山气能恢复，山体调养得健壮。大地平安，人才能平安，所以大家要疼惜山河大地，唯有好好地守护、呵护大地，众生才有保障。

以前人常说不要破坏风水，其实所说的"风水"并非地理方位的迷信，而是珍惜自然界原有的山貌、水脉。倘若破坏溪河，垄断水脉，河水无法流通，自然会四处漫溢造成灾难；如同我们身体的血脉，通顺时人就健康，一旦不顺就会生病。

在甘肃高原上，常年干旱，大地一片黄土。大爱台的记者曾前往拍摄，记录的画面中看到一位妇女挑着水，气喘吁吁地爬山坡；据悉当地妇女天天要走二十公里路，才能挑得一担水做全家整天的使用。尽管有土地，只能种植玉米或马铃薯等耐旱植物，为了珍惜得来不易的水源，灌溉时用一只塑胶杯，一杯水需浇三棵玉米幼苗，一点一滴地灌溉，真的很辛苦。

过去十余年间，慈济在当地援建水窖，让居民能囤积雨水使用，改善许多人的生活；然而近几年来气候异常，旱象连年，若是天不下雨，仅仅依赖水窖要在高原上生活，终非长远之计。何况有人居住的地方难免要开发，土地因而失去草木成长的空间；没有草木的保护，留不住水又影响气候异常，形成恶性循环。

当地政府已同意改牧还草，希望将山区环境还给大自然，逐渐地将民众往山下迁居，不仅改善民众的居住环境，也让大地慢慢地长出青草，缓和沙尘漫漫的景象。

地方政府引黄河之水到居民迁村之处，看到居民在有水灌溉下种植的玉米，已经一个人高了，一片绿意盎然。可知水对人类多么重要，有水的地方，农作就有希望。相信不久的将来，当地能树木成林，大地一片五谷杂粮，改善居民的生活；若高原能种植树木，让树、草能生长，回归绿意盎然，保育山林，对自然环境的帮助会非常大。

大自然不容许人们不断地破坏，开发应适度，为了标榜经济发达，处处山林变成观光地区，大肆辟建高速公路，开挖山区，大小车辆来回碾压，大地如何受得了？我们应该要有"走路要轻,怕地会痛"的心情,尽管大地忍耐力很强,从古至今忍受着众生的破坏与践踏,无尤无怨如慈母;但是在人类变本加厉的开发利用之下,大地之母真的筋疲力倦,无力再忍了。

曾听过有人分享:二〇〇九年的莫拉克台风来袭当晚,他们一群人逃至山上,想搭起帐棚休息,未料打地桩时,只要一捶地钉就狂风大起,呼呼作响,一连数次。我听了感觉:大地之母犹如遍体鳞伤,还要再打钉子在身上,即使忍着痛也会深呼吸一下,这不都是大地在悲鸣吗?

自然一失衡,天灾一来,破坏损失随之而来,除了个人生命财产的损失之外,辛苦耕耘的农作付诸流水,路毁、桥断,都需要耗费时间及金钱重建;倘若能记取教训,让山林养息,保育森林,做好水土保持,不仅能保护人民的生命、财产,对于山河大地也才是治本之道。

台湾如汪洋中的一叶孤舟,经不起大风大浪的侵袭;人人都要慎思,如何才能保护自己与子子孙孙的平安。现在是人类要觉悟的时代,不能只着眼于眼前的短暂利益,加重地球的负担。试想,享乐之后,心里留下了什么? 跑到远处享受,丢下垃圾,快乐以后曲终人散,何乐之有?

许多高知识分子、学者,对地球现况清楚了解的人,都在大力呼吁环保,各国已渐渐地凝聚共识,如韩国曾造起一条高速公路,后来发觉会破坏环境,赶紧拆毁,恢复自然生态,这就是勇气;又如荷兰眼见海水不断地涨高,以往总想藉由建设水道、挡水设施降服海洋,建筑一个水世界,如今当地学者分析,应该还地给大自然,与大自然和平共生息,这就是智慧。

"惊世的灾难,要有警世的觉悟",现今天下灾难一次比一次强烈,频率愈来愈密集,范围愈来愈辽阔,很令人悲痛。其实大自然的反扑是给予人类一种环境教育,人人都应反省过去,提高警觉,否则真的会来不及。

第二部

从清贫致福到清平致富

第四章
重返古朴之美

　　地球是宇宙间目前已知星球中，唯一有水、有树、有溪、有海、有山的地方；自然景观如此美好，人类与万物于此共生息。然而大自然的危机，往往起自人的一念贪，倘若一味考虑自己追求享受、成就事业，不断地损害众生与大地，无度地耗用自然资源，则会造成许多损人不利己的危害，因此天地能和顺，首要人心能调和。

　　回顾过去的岁月，感到人在贫困时代，生活目标单纯，无不希望求取财富后能孝养父母，多行善事。然而求得富贵而不骄奢的人却很少，许多人一旦赚了钱、得到机会，事业愈做愈大，为求更多利益，内心受到外境的污染，渐渐地迷失自己，往往遗忘贫困时曾发愿行善、行孝等正向目标。

佛陀教导我们要守护好自我一念清净心，无论面对贫富、顺逆，都应守持"贞廉知足"——"贞廉"就是心念干净、有廉耻惭愧心，能常常自我反省，注意自身行为；而且为人勤俭努力、知足不贪，有余即乐善好施。

《论语·学而》中，子贡曰："贫而无谄，富而无骄，何如?"子曰："可也；未若贫而乐，富而好礼者也。"能做到物资匮乏而不贪求，或是富贵而不骄奢，虽然很好，但是若能进一步做到贫穷还很快乐，富有时能对他人有礼节，内心清净，如此更好。

无论佛陀或孔子都教育我们，为人应知足；在生活上应尽心尽力回归传统勤俭、克己的美德，造福就能得福，知足即是富有，想要达到节能减碳的目标，也就不难了。

🌿 以清贫对治奢华

文明的进步，带来生活的便利，却也在无形中制造许多垃圾、污染问题。诸如美属萨摩亚拥有天然美景，面积不大，居民才六万多人；自一九〇〇年被美国合并，当地居民的性情仍保持纯朴，但生活随着美国的文明逐渐现代化。

当地环境四周环海，缺乏淡水，岛民觉得瓶装水饮用方便，逐渐成为生活中不可或缺的商品。然而买来喝完就丢，以致当地塑胶类垃圾激增；不只是瓶装水，许多生活用品都离不开塑胶制品。

二〇〇九年当地发生里氏规模八点零的强烈地震，引发海啸，成为一场大灾难。地理位置较为邻近的夏威夷慈济人很关心，数度前往岛屿义诊；并且挨家挨户勘灾，发放实用的现金卡给灾民。那一波救济行动，让当地人认识慈济，并感受到慈济人真诚、慈悲的帮助。

当时还有其他人道救援团体前去帮助，如美国联邦急难救助总署也投入。他们在美国本土就已看过美国慈济人在慈善、医疗、教育、人文的成就，以及让物资回归再利用的环保工作，深受感动。

他们有六位曾组团前来台湾，参访慈济志业。其中一位隶属救济单位的金女士表示，美属萨摩亚居民因为生活在文明之中，不知不觉制造出这么多垃圾；而这次大量救济物资的包装，竟为当地的环境带来二次伤害，不少救灾团体也因而为小岛的未来感到担忧。

然而少数当地人为了商机,不愿改变现有的生活模式。其实经商求财不就是为了生活,平安、健康的生活也需要有整洁的环境,为何要先制造垃圾,才来解决如何清理的问题?

我们向来推崇清淡的生活——尽量简化物质需求,多节省、爱惜物品,回归过去克己、克勤、克俭、克难的生活态度,不要动辄追求奢华。

我们生活在这片土地上,必须仰赖众人之力,诸如每天都要吃饭,米、菜、油、盐,在上饭桌前,是多少人在农业、运输等方面的付出? 能有衣服穿,也需要工业发达带动制衣产业等;若物资丰富、不虞匮乏,则应心存感恩,珍惜物资。其实,幸福与否端视自我观念,若能用心回归简朴、节省的生活,心灵也能轻安自在。

有位张居士曾过着奢华的人生,饮酒、赌博、抽烟样样都会,常醉得昏天暗地,连动过心脏瓣膜手术也不理会医师的警告,照常饮酒。

平常不饮酒时,他是位沉静的好父亲;喝醉后却性情丕变,会打骂妻子、小孩。张太太在小孩就读的小学中参加慈济教师联谊会的活动,深受感动;尤其她认为慈济的环保志业能救人、救地球,非常有意义,于是投入环保志工的行列。

张先生对于太太到环保站愈做愈欢喜,投入愈多时间,感到好奇。一日就跟着太太一起去做环保,愈做愈感到没有烦恼,而改变了他的生活形态。原本每月花费于应酬就要十余万元,受证为慈诚之后,他恪守"慈济十戒",不再应酬,并发了三个愿:第一,买一辆环保车,全心投入环保;第二,圆满捐献,成为慈济荣誉董事;第三,希望社区内有一个慈济共修处。

尽管他发此愿心时,还背负债务,但在坚定改变生活的情况下,从每个月动辄十数万元的花用,已减至一千元不到,日子同样过得很好,数月间就买了一辆环保车,并以贷款方式买下当地道场作共修之用,还圆满荣董,三个愿全部实现。

常听人说:"等我存够了钱,再来做好事。"张居士则说:"好事要把握当下,省钱就能做;我虽然还有债务,但是省下平常浪费的钱,还是能赶紧做好事,否则就像师父说的:'来不及了'。"张居士有心，观念一转，克服自己的欲望，改变生活中不好的习气，还做了许多好事，并且能广结善缘。

彰化有对庄姓夫妇，也是勤俭行善。他们年轻时白手起家，生活艰辛，十余年前还被倒债一千多万元，不过内心毫无埋怨，仍旧勤俭过日子。他们在日常生活中，多用自然天光照明；而且一水多用——洗米水能再洗菜，洗菜后还能有其他用途，最后则用来拖地板；看到袜子破损，会一再缝补，一套衣服能穿数年；生活物欲减得如此之低，精神层面仍很富裕。

他们平常五元、十元都舍不得随意花用，但一提到助人，则毫无保留地付出，还勤耕福田——庄老先生投入做环保，老太太在慈济医院做志工，日子过得充实又有意义。

又如埔里有位潘师姊，力求环保生活，省水、省电之余，未曾添购新衣，将环保回收的二手衣洗干净，修改大小，也是穿着整洁得体，而且洗衣服都走到很远的溪边去洗；有时还会顺便在溪边洗头发，在太阳下晒一晒，梳干净再回家。衣服、头发干干净净，这种环保生态真是又美又清新。

天地生我、育我，我们应该以顺应自然的方式生活才健康;不要为逞一时之快,造作许多不当且伤害大地的行为。佛陀教育我们"多欲为苦"——多欲所造作的恶业,终究是要受苦。有幸身处平安之处,要时时知福,知福的人才会惜福有感恩心;若人人常保感恩心,对大地及人群都有很大的帮助。

勤俭为本

传统社会中,衣物都是棉织品,穿、洗多次后难免破损,缝补后再穿;家中若有新生儿,还能修剪破衣拼接制成婴儿被、尿布等。土地生产资源,人类运用智慧抽丝、织布,制成衣服,重复回收应用到无法使用时,才埋入土里,腐化成为有机肥,回归养育万物。

这是前人的智慧,生活中惜福、爱物,合于自然循环。气候四季分明,寒冬时节冷冽,春气一来,大地茂盛,农夫顺应时节播种。

早期台湾农业社会,农民依时勤劳耕耘,一年有三获,二季是水稻,一季则种杂粮,农地分布广阔。

随着社会快速变迁,台湾的农业用地和农民不断地减少,工厂林立,大量兴建高速公路,娱乐场所也愈来愈多,有许多建设都是建筑在原本的农地上;而且有段时间学者建议废耕,将灌溉用水转而供应给工业。

台湾土地不大、人口稠密,难得的是水土气候适宜农耕;而人类生活仰赖土地,足够的食物才能维系生命,如今农地已大幅缩减,若再废耕,后果真是不堪设想。

目前我们所食用的米粮、蔬菜,许多都是依赖进口,不仅增加碳足迹,而且国外资源能否保持丰富,谁也无法预料。许多盛产粮食的国家,因为气候变迁快速,遭遇连年干旱或大水侵袭,产量锐减。自己土地上的人口都供应不足,如何供给其他国家?

面对大环境的种种灾变,无不是警讯:我们怎能不好好警惕与自觉?

现代社会讲求休闲、计较工时,不愿承担劳动,连家务事都要请人代做;为了因应劳动人口不足的情况,引进数十万名外劳,不可避免地须面对许多问题。还有生活形态逐渐改变,外食情况愈来愈普遍,许多家庭都不开伙煮饭,也不洗碗筷。为人母者不洗孩子的尿布，所以要砍树做纸尿布；不喂母奶，担心会影响身材，失去了那分将孩子抱到胸前贴心的温馨之情。

喂母奶不仅简易，也有助于环保；因为奶制品的需求减少，就能少养牛、羊或是不必饲养，让动物们在大自然中自由成长。何况牛健壮时供应奶水喂哺人类，老迈时则被屠宰给人食用，照理是逆伦背道，严重的是造成环保问题。

社会物资丰富，不必再愁吃穿问题，然而现代人受到贪念诱惑，追逐商品，奢侈、浪费，而造成垃圾泛滥。当消费者的需求量很大，生意人就会以极端的手段开采大地资源，如此再丰富的资源也有用尽之时。

曾见新闻报导有商家推出"名牌环保袋"，为了一个五百元的限量环保袋，有三千多人抢购，甘愿彻夜不睡，于烈日下排队，甚至因彼此推挤而发生争吵，真是何苦来哉？其实什么叫做"名贵"？可供利用的即是贵重物资，不可用的，再贵也没有价值。

人人的心灵应导引往勤俭的正确方向，所谓"身勤则富，少欲不贫"——身体勤、心少欲，就能富而不贫。若能节约、惜用物品，不仅生活物资不匮乏，还能减少消费，所以开源不如节流；懂得节流的人，物资永远都很丰富。

慈济志工在生活中力行节俭，有位周师姊每次买菜、购物拿回的塑胶袋，一个个整理干净，折叠整齐，收集起来回归商店再利用；商家不仅开心，也会受影响而做到惜福。

环保站中回收为数不少已淘汰的录影带、录音带，因为无法利用机器分解，必须人工拆开，因此没有回收商愿意收购；环保志工不舍就此变成垃圾，很有耐心地将螺丝一个个旋开，再分出磁带、塑胶壳，一块录音带只有四个小小的螺丝，拆下集中后也能积少成多。

疼惜物命就是惜福，物品能用、够用即可，好好珍惜已成的物资，让它的生命能延寿再生、一次次不断地再利用，就是用不完的资源，都是造福人群。

衣、食、住、行无须多求，现代医学不也提醒人们，吃得清淡才不会过胖、脂肪太高，造成许多现代文明病；粗衣、淡饭有益身心健康，所以要回归简单生活。人生苦短，如何才能真正体会人生之美？生活克勤克俭，培养正向的价值观，人生才有意义；否则迷失于五光十色的环境，落入欲望的陷阱,实为可惜。

近年来,慈济提倡"克己复礼",回归"竹筒岁月"——日日存下零钱行善,汇聚小钱做大事;储蓄是美德,不要轻视一点微薄的力量付出。"克己复礼"是要克制自己的习气,并且守好规矩及礼仪。人人都有习气,如果不能自我克制,往往伤人又不利己;降伏习气,就是增长自己的慧命,了解人生、利用人生——开阔大爱、增长智慧、包容众生,即能做到"贪念缩小到零点,爱心扩大遍虚空"。

节能减碳

地有地气,天有天气,人有脾气,这三气不调就会肇生天灾、人祸,人类与万物都无法平安生活。科学家指出,保守估计空气中二氧化碳的浓度底线为 350 ppm(ppm,即百万分率。——编者注),一旦超出将威胁人类的生活环境,然而现今二氧化碳浓度高达约 390 ppm,令人担忧。

人的一生不断地制造垃圾、污染——仅仅呼吸就已造成污染,加上衣、食、住、行各方面,无不消耗能源、制造二氧化碳,多一个人就多一分碳足迹。

夏季炎热,家家户户开冷气,却将热气排放屋外,加速大自然的温室效应,以及都市里的热效应,让人更难敌高温之苦,形成恶性循环。其实稍作改变也有不错的消暑方式,如有的人平常在家尽量不开冷气,若是热得难受,就选择到图书馆等公共场所看书,既能避暑也不必多开冷气耗能。

反观有人却是在冷气房内跑步、打球;运动不就是为了要舒展筋骨、流流汗? 若是担心烈日当空,为何不到荫凉处,或是等凉爽的时候再运动?

一公里的路程约学校操场二圈半,有人非要开车或骑机车代步;在家附近不愿走路,却很乐意开车到远处爬山,认为有助身体健康。平常何不多以步行取代交通工具,或是在邻近地区散散步,不是更好? 为了逞一时之快而伤害大地,其后人人都要付出代价。

选择环保生活未必不便或难受,诸如以通风的方式乘凉,健康又节能。在桃园有个环保站,志工不必开冷气,也不用吹电扇,一群人在大树荫下做环保,享受微风徐徐,做得心静自然凉。

人口不断地增加，污浊愈来愈多，能源不断地消耗，空气已受不了如此浓浊的秽气，所以气候丕变，大地也不堪承受。为了探讨如何节能减碳，联合国召开气候变迁会议；另外也有学者聚集研究：为何气候如此异常、地球屡次受毁伤？最后还是难以达成共识。

极端的气候现象会损害大地，灾难也会愈来愈密集、加剧。想想，天气变化无常，农作物难以耕耘，人们将如何面对粮食危机？预防天灾的唯一方法是调和人心，克服心灵的灾难。

心灵的灾难比天地灾难更加可怕，因为一切都是先有人为造作恶业——生活消费无度，贪欲太多，从人的生活习气会影响到天气。人心能创造一切，只要稍有偏差，也许祸延千里，或者心念一动，牵动四大不调；然而只要迷途知返，转变方向，动一念善心、伸出双手付出，就能造福人群。

改变要从人人开始，联合国政府间气候变迁小组(IPCC)主席表示，减缓温室效应有三项方法：不吃肉、骑单车、少消费。大家若能回归传统生活的勤俭，就不会多消费；不要小看个己的力量，一个人的方向正确，就能影响周围的人,改变整个社会方向。"一个人"包含他、你、我,每一个人的观念正确,气候变化才能缓和,地球才有救;只要人人有心,当下开始调整生活形态,一定来得及。

大林慈济医院提倡节能减碳,鼓励院内同仁多走楼梯,许多人不畏十多层楼高,每天响应勤走楼梯。其实生活中有诸多有助于环保的方式,尽量搭乘公共汽车,或响应共乘,这都不难做到,能减少一辆车就多一分清净大地的力量。

凡事都应从自己做起,进而能呼唤更多人一起做;如台湾二〇〇八年的用电量,由于政府不断地呼吁人人要减碳、减能,加上民间每个人的努力,足足节省四十五亿度电,等于六十多亿元电费,成果相当可观。

大乾坤的灾难,是由小乾坤的人类所造成;凡夫的生活充满烦恼、欲念,所以要先净化人心,以祥和化解暴戾,以朴实勤俭的生活减碳。

慈济环保志工秉持惜福的精神,做环保就是爱惜物命,也是为了节能减碳;同时透过环保能体悟许多道理,洗涤自己的内心。一切都需从一念爱心开始。

第五章
浇溉觉悟的种子

天地宏伟,相形之下人类何其渺小。佛陀说:"一切唯心造。"同样一念心,有的人欲念包山、包海,无穷无边际,受"贪、瞋、痴、慢、疑"五毒所染,积集恶患,人与人之间变得纠结复杂、贪婪争夺,造作许多污染,引发种种灾祸;有的人心中有爱,为善造福。唯有聚积无数的爱与善的力量遍满空间,如同一层保护膜保护地球,天下万物就能平安。

要启发人人善念,每个人心中都有一颗觉悟的种子,若能把握善因,自耕心田,遍撒善的种子,才能聚福缘、弭灾难。

✍ 心宽念纯

现代社会工商竞争，虽然能促进社会繁荣，但是也暗藏危机。常见人与人之间互相争斗、伤害，都是因为心不宽、念不纯——心不宽的人，时常在言行间伤害到他人；念不纯的人，则常接受他人对自己的伤害。有时说话的人也许无心，听话的人却有意接受，心生烦恼，萌生破坏或报复他人的念头；即使是日常生活中的小冲突，也会徒增烦恼。

只因自己一念方向偏差毫厘，却扰动得大家方寸纷乱，如此家庭、社会如何能安定？又会惹出多少祸端？人心自私、贪婪，则易导致爱恨情仇不断地衍生、纠缠，如此社会难以安居乐业，造成国家贫穷、人民困苦。

世间许多困难都是从人的一念开始，因此人生不要过于计较，否则心门紧闭，也可能演变成忧郁症。忧郁症是长年累积的习性所致，有与生俱来的因素，也会因惯于隐藏心事而发生。心灵空间若狭小，任何事物进入都会碰撞，因此要打开心胸包容万物。

"心宽不伤人，念纯不伤己"，心若宽阔，念就单纯，则不会将所有事都放在心里产生忧郁；或是遇到什么事就克制不住自己，因而变得躁郁。

《法华经》中的常不轻菩萨，他相信人人本有佛性——因为佛陀说大家都是"未来佛"，将来也会成佛，所以无论他人如何对待、辱骂，都不敢随意回应或轻视，仍向每个人顶礼，感恩他人的教育；于是事过境迁，彼此相安无事，这就是心宽念纯，以感恩与尊重对待人人。

天地之间，无论人事多么复杂，"心宽包容人间事，念纯就有感恩心"，世间好事并非一个人能成就，需要许多人一起汇聚力量，尽管人人都各自有不同的习气，不过大家都是同心同志愿，还有什么不满足？只要知足，还有什么好求？所以知足、感恩、善解、包容，这些都要用在日常生活与人群中——彼此帮助，携手协力，成就天下的真善美。

如慈济在泰国的慈善救济工作已经超过十年了，一路走来，慈济人用心启发照顾户的感恩心，让他们知足，明白有人处境更苦，如此就能知恩；知恩就有回馈众人的心，在穷困中无尤无悔，不再埋怨，开启心门，知恩造福。

有一位瑰兰婆婆,从先生病重开始就列入慈济照顾户,现在以拾荒维生。泰国慈济人每月定期发放,每次发放前会先做环保宣导;瑰兰婆婆听了很感动,看到宝特瓶可以制成毛毯救人,拾荒时就将宝特瓶另外分类,每个月领取辅助金的同时捐给慈济。

另一位蓬体婆婆,年轻时嫁了一位不好的先生,最后离婚收场,单独抚养女儿长大。蓬体婆婆目前独居,身体又不好,慈济人便陪伴、照顾,帮她清扫整理居家环境,辅导生活,她感恩、知恩、报恩,付出造福——虽然身躯无法挺直,她还是要做环保,将每个月拾荒所得捐出一部分作善款。慈济人每个月帮助她,她也要当慈济会员每月布施,尽管家境贫穷,心门打开即是富有。

普天之下只要有人用心、用爱、用智慧不断地延续付出,爱心就会遍满虚空大地;只要人间有苦难,无论任何时间、空间都要发出爱心,及时关怀远方受灾难的人。行善并非为了自己,而是在帮助他人解除苦难的同时,也启发人人的爱心;有爱心的人愈多,社会就愈祥和。

有则跨国接力爱的事迹——一位苏女士育有二子一

女,先生往生时长子十五岁,次子九岁,小女儿才六岁,家境困难。数年前,她为了养育孩子,远从泰国到台湾做工,一日突然昏倒被送往医院,诊断为脑干出血,辗转到大林慈济医院就医。

慈济人用心照顾,并联络泰国慈济人前去家访,陪伴她母亲来台湾探望,又寄来孩子们的录音、照片等;然而苏女士病情不乐观,最后两地慈济人决定设法让她回家,在返家的翌日她安然往生。

从此泰国慈济人关怀照顾这个家庭,苏女士家离泰国慈济分会遥远,慈济人半年才能前往探视一次,每月补助生活费用,同时关怀三个孩子的生活与课业。

事隔多年,长子已成家立业,次子就读职业学校,念念不忘慈济恩情;他表示,慈济人视他如己出,照顾他的生活、学业,自己拥有一个大家庭叫做"慈济"。他慢慢地存足车资,就利用假期远赴位于曼谷的慈济分会投入志工;他怀抱着感恩心,发心立愿将来要回馈社会。

慈济人心宽,无论有无亲缘,一路接力帮助陪伴;受助者念纯,感恩还要回馈,倘若人人都有这分长情、大爱,普天之下不都是一家亲？

精质人生

《法华经》云："一雨所润"，只要有雨水落下，无论是大雨、小雨，即使一点露水，都能让大树、小草同沾润泽；同理，善的事、对的事，做就对了，不必分别是大或小，都能利益群生。

生命难得，能否发挥价值端视个己如何使用；若是迷迷茫茫，任由生命空度，虽然有生、有活，但是无法提升生命品质，实为可惜。

因此生活中要把握因缘，不要认为：这一点善不必我做，这一点小事不必我帮助。莫轻小善而不为，细沙聚积可成塔；莫轻小恶而为之，滴水成河可覆舟。尽管善小都不能轻视，就如一间房子是由无量的细沙聚积和水泥拌搅，才能完成安全的整体结构。

佛陀在世时，有次托钵遇到一位调皮的孩子，随手抓把沙放到佛陀的钵中。佛陀欢喜地微笑感恩，将这钵沙拿回倒入要建设精舍的沙堆中,并对大家说:"将来这座精舍中,每一面墙、每一寸土都有那个孩子布施的沙存在。"

好事不分大小,人人都能做。菲律宾有个梦乡村,村民普遍穷困,慈济人常前往关怀、照顾,不仅给予物资,还关怀贫病,宣导"济贫教富"的理念——尽管物质匮乏,同样能富有爱心,伸出双手助人。

起初村民有所怀疑,会说:"我都需要别人帮助了,怎么有办法帮助别人?"慈济人接着说明,重要的是一分为人付出的爱心,零钱也能行大善,犹如滴水入海,即能永不干涸;集合人人的善心、善行,就是一股源源不绝的大力量。

村民感受到慈济人的爱,也能认同付出的理念,因此将捡拾的宝特瓶做成扑满,日日投下铜板;虽然只是几分钱,但是数月后,集中全村的爱心竟能装满两个瓮。看到瓮中的零钱溢满,令人震撼——原本手心向上的穷困人,转为手心向下的付出者,善念点滴集合也能救济他人。

二○○八年五月,缅甸遭受强烈气旋挟带豪雨侵袭,强风引起海水倒灌,三灾合一的重创,造成缅甸人民受苦受难。慈济低调地进入援助,当地官员看到慈济人那分无私的爱,而且是真正肤慰、帮助灾民,深受感动,因此政府正式发函邀请我们前往帮助。

经过这场大劫,家园破碎、农地流失,灾民心情悲痛难抑,一时不知如何起步。慈济人辅导他们放下忧虑,赶紧把握时节勤耕园地、农田,不仅做自己生命中的贵人,也要做他人生命中的贵人。他们都认为:的确应赶紧努力复耕农田,不过自己受灾后损失惨重,怎么可能有余力帮助他人?

慈济人说:"有可能,慈济志业就是从三十支竹筒,由买菜的五毛钱所点滴累积开始的。"

大家对慈济的故事深感好奇,慈济人详细地向他们介绍,四十余年前成立"佛教克难慈济功德会",起初由三十位家庭主妇参与,每天出门买菜前投入五毛钱到竹筒,当月集合起来就投入救人,藉由买菜的过程传递日存五毛钱行善的理念,渐渐地影响许多人参与,如今慈济人遍布全球,大爱的足迹遍及各地。

缅甸许多灾民听完之后说:"如果一天五毛钱就有办法做这么多事情,我们也能做到。"所以他们虽然贫困,但是每天欢喜地存入点滴爱心,相信即使是一点点的钱,也能救济全世界。

捐款之余,有些村民每天煮饭前,会抓一把米另外放入罐子,说:"每餐抓一把米放在罐子里,这餐全家人不会饿到;不过另外收集的这罐米,能帮助村中比我还贫困、没饭可吃的人。"在缅甸已渐渐地形成一股美善的风气。

此外,慈济人不仅援助有形的物资,也带动慈济人文——"静思语",当地无论是寺僧、农夫或是社会人士,接触后都很认同,在彼此传诵好话中开阔心胸,启发爱心,人人互相振作精神、提高士气,人助自助又助人。

二〇一〇年海地遭遇强震,死伤惨重。慈济人及时前往给予急难援助时,即以缅甸为例鼓励海地人,让他们知道尽管身处苦难中,有余力还是能助人;能助人的好人就是人间菩萨,人人都能发心付出。

大家感觉到:做好人去帮助别人,自己也很快乐。启开心门,接受爱的理念,慢慢地产生当地的慈济志工;短期救助告一段落后,还有数位慈济人继续带动当地志工,关怀他们的乡亲,在苦难国度里遍撒善的种子。

慈济人无所求的付出,常能带动爱与善的循环——数年前菲律宾有对连体婴姊妹，因家贫无法负担手术，经慈济人发现后，前来花莲慈济医院进行分割手术；成功分割的姊妹取名为"慈恩"、"慈爱"，返回菲律宾后，当地慈济人为使其一家人生活获得安定，安排姊妹俩的父亲负责沓沓伦区环保站。

后来在凯莎娜台风造成的严重水灾中，眼看着大水不断地涨高，慈恩、慈爱一家人与邻近人家都爬到环保站屋顶避难；外出归返的父亲、舅舅见状，灵机一动发挥智慧，赶紧将两个装宝特瓶的大袋子捆在一起，成为一个"浮水艇"，来来回回将大家送往天主教堂避难，共救了三十余人。

人生因缘真是不可思议，多年前慈济人付出的爱一路相伴这家人，如今他们成为能救人的人间菩萨家庭；有价值的人生并非财富多、事业大，许多生活辛苦、以劳力付出的人，仍然愿意布施，欢喜行善，才是真正难得。

有位蒋居士，夫妻都在上班，家中还有一位年老的母亲，他们不但孝顺也勤做好事。为了妥善照顾母亲，夫妻俩一个白天上班，一个夜晚上班，以便轮流在家照护；他们勤奋工作，得以糊口，却不吝惜捐款给慈济，在拮据的生活中能慨捐行善，真是不容易。

　　蒋居士夫妻俩及时行孝、行善，凡事把握做就对了，这就是他们的生命价值观。还为疼惜地球尽心力，原本一个月做一次资源回收，愈做愈认为环保很需要大家的力量；后来几乎日日投入做环保，从一个环保点做到十余个点，从机车载送回收物，到如今必须用卡车载运才够。所以只要愿意做，真的没有做不到的事。

　　还有位四十余岁的詹居士，由于金融风暴时事业失意，又罹患喉癌，家庭生计仅能靠太太在餐厅打工，以及政府的补助；有限的收入要养活一家四口，加上小孩的学费，生活不免困窘。后来詹居士因病症再度发作，到台北新店慈济医院就医，那时他偶然发现《慈济月刊》，深受内文报导感动，知道世上有许多比他苦的人，因而打开心结。

　　经过医疗团队手术治疗后，詹居士的病情获得控制，体力也渐渐地恢复，只是无法发出声音，需仰赖医疗科技帮助，使用扩声器沟通。在医疗团队细心照顾、志工爱心辅导之下，詹居士不仅开启心门，发愿投入慈济志业，培训成为慈诚队员，也投入环保志工的行列。虽然说话要靠扩声器，但是他什么事都能做，无声胜有声，仍能"默默行善"，造福人群。

他接受慈济短暂的补助以后，自己打工，自助助人。运随心转，即使贫病交加，磨难终究会过去；只要心念一转，少欲知足，就能启发智慧，不会心志颓丧地说："我病了，还能做什么？"所以善心被启动了，就能发出力量，尽管经济穷困，心境仍能常保富乐。

人生要把握机会，及时行善、乐于付出，拓展生命的宽度与深度；否则虚度光阴，白白度过这一辈子。每个人都不能轻视自己，每一天、每一秒，无不都是人生历史，我们要用心编织自己的大藏经。

第六章
平淡、平实与平安

　　经济发达的时代，一旦发生金融风暴，人人惶惶不安；其实真正可怕的是心灵风暴——人心纷乱、道德衰退，若是顺着贪婪的风气走，恐将被卷入更大的风暴中。因此在风暴中应学习逆向而行，导向正道，让风暴化为和煦春风，一切端赖能否"调心"——调正人人的心灵方向；只要人心安定，踏实前行，经济的波涛起伏就能很快地恢复平静。

　　尽管在景气度低迷时，要坚持理念很不容易，如同鸟在逆风中飞，鱼在逆流中游，总是要多用一些力气。现代生活条件较诸过去，已有长足的进展，多数人温饱无虞；富有之道别无他法，能清淡生活，平平顺顺，寡欲不奢侈，还懂得助人。

✒ 以清平安度难关

现代社会教育普及,虽然教育程度愈来愈高,但是不断地追求名利,只想轻松休闲,养成好逸恶劳的惰性,缺少承担的力量;甚至为了奢华的享受,举债度日,一旦经济发生问题,生活就苦不堪言。

其实生活的标准在哪里? 世上苦难人真多,然而生活享受的人也不少,贫富甚为悬殊。俗谚云:"富的富上天,穷的穷寸铁",有钱人赚的是百亿、千亿元,一餐饭动辄数千甚至上万元,还要担心五谷杂粮是否受污染;穷人却是有一餐、没一餐,如何顾及品质好坏?

我们生在平静、安和的社会,应该要珍惜,能身心清净,和平度日才有福。常言人不怕穷,怕的是乱,如果起心动念都是埋怨、仇恨,不但伤害社会,对自己、家庭也不利;即使遭遇困境,也应先把心安住,甘愿清淡的生活,平静安心地面对现实。

外在的经济起起伏伏,如何保持家庭生活平稳? 懂得持家很重要。从前的人说："赐子一艺在身,胜传万贯家财。"给予孩子再多家财都没用,因为财产再多,若不懂得守护,也是一代就耗空;不如让每个孩子学得一技在身,若能凭自己的力量与才能付出,生活就能安稳。

在美国陷入金融风暴期间,美国慈济人所办的社会教育推广课程,开设居家水电维修班,让人人学习自己动手做简单维修,培养生活技能。还有巧工班,传统社会常见穿着缝补过的衣服,有的也补得很有艺术感,现在许多人连穿针线、缝补扣子都有困难,所以年长的慈济人传授工夫,教导学员衣服破损时,要如何缝补、剪裁、修改,这都是习得一技之长,重要的是学到了惜福爱物的观念。

有段时期台湾在做农业转型,不少农场转为休闲功能,其实应认真耕耘,朝着改良土壤、有机耕种的方向努力,保持地力,也能常保自己的温饱,这就是清平可致富。以前人常说:"只要愿意当牛,不怕没有犁可拖"、"甘愿做,就不会饿死";所以只要心定,肯学、肯付出,再劳苦的工作都愿意做,不怕没有工作,则没有失业的问题。

大家若能修心安分,勤俭务实,进而固本齐家,即是全民之福,社会也不会动荡不安;因此人人若能克己有礼,明智、勤勉,能勉励自我与他人,即是身心健康、富足;不贪婪,生活就有余。

高雄一位左先生,因为事业不理想,出现精神障碍的状况;慈济人知道此个案后,一路陪伴、关怀,他也渐渐地恢复精神毅力。后来他跟着慈济人学会种菜、做手工肥皂,并能赖以维生。

清平过日子,并非悭贪、一毛不拔,若能凭借自己的真才实力做事,有余力则帮助他人,心中有爱,即使物质贫穷也是富——心灵富足轻安。因此要积极关怀人群的生态,不忍他人受饥寒,付出爱心,有余能布施。所谓"富"并非物质上的富有——若是物质充足,心灵却空荡贫乏,财产再多都嫌不够,这样的人生也没有什么乐趣;唯有心灵富有的人能知足,懂得感恩,不会陷入贪婪之苦。

在大陆福鼎有位张先生,一生坎坎坷坷,仿佛人生的苦难都集中在他的身上。他没有结婚,却很有爱心地领养一个男孩,未料男孩患有先天性心脏病,张先生仍将他视如己子,四处求医;然而张先生家境贫困,又身患残疾,对孩子的医药费实无能为力，慈济人获悉，协助手术费用，男孩才得以接受治疗，恢复健康。不仅如此，由于张家父子平时生活拮据，慈济人也长期关怀他们，令张先生非常感恩。

二〇一〇年初海地强震后，有一次他看到大爱台报导海地灾情，不舍当地人伤亡惨重，在领取慈济发放冬令物资时，将身上仅有的四十四元人民币，全数捐助海地。这就是贫中之富的人，愿意为苦难人付出，也是最珍贵的人生。

我们要好好地回归传统智慧，生活踏实，有本领、不怕苦，真正地利用自己所学功夫，循规蹈矩努力付出；人人安分守己、固本，怎会有泡沫经济、金融问题？

知足即富有，简单是幸福

曾见一则新闻报导——一位女孩在外就读大学，爱美又爱玩，担心外出时会晒黑，就打电话回家向母亲要求一瓶防晒油。这个家庭境况贫寒，只有父亲在工作，连母亲自己身上所穿的夹克，还是女儿中学时的校服。然而母亲过于溺爱女儿，不愿拂逆孩子的要求，就到便利商店偷取防晒油,遭到警察逮捕。

虽然警察深表同情,但是母亲偷窃行为已触法;女儿是否能理解父母的辛苦?可曾想过防晒油只是生活所需之外的奢侈品?为了满足虚荣心,母亲要付出这样的代价,令人惋叹!

现代社会人心多欲不知足,只想轻松度日、获取更多利益,而迷失在金钱游戏里。有人为了投机取巧,放弃原有的事业与才华,社会经济买空、卖空,如泡沫般不实在,一旦虚幻破灭,结果变卖家园或失业等,吃苦的不是别人,都是自己;不只是家庭经济发生困境,连整个社会、国家都会面临危机。

一般人对于有形财富永远都不满足,有十还想再有百、有千、有万,到了有亿、有兆仍无法知足,"有一缺九"的人生欲念如大海阔无边际。

什么样的生活最富有自在? 知足的人。我们应该要觉醒,财富不如心富——即使富有家财万贯,心灵却还常感欠缺、不满足,这叫做"富中之贫";多少大企业家因为金融风暴、股价起落而患得患失,烦恼痛苦。懂得赚钱,不是真有钱;懂得如何舍,花钱花得有智慧,才是真富有。

少欲之中,蕴藏大富。因为寡欲知足,生活尽量简单,应自己吃多少量就吃多少,既不浪费也对身体健康;要用的东西也是适量,不必再多囤积。三餐饱食、衣物保暖、房子能遮风蔽雨,基本所需不缺,不就是最富足的人生? 人人身心健康,安居乐业,家家平安,社会不就洋溢幸福? 我们应该把物质的享受,化成清淡的生活,过健康人生。

印尼万丹省有个巴杜依族,仅七千多人口,住在辽阔的山区,周围环绕险要的山路。据说这个少数民族在久远以前,为了宗教因素,撤退到此险要山谷,过着安贫乐道的生活,人人心灵单纯宽阔。

他们的信仰规律森严——禁烟、禁酒、严禁外遇,不得偷窃、说谎,也不得有流血冲突,并且禁用一切交通工具,所以他们没有脚踏车、机车,遑论开车。生活以简朴为原则,以竹、草为建筑材料;衣服除了白色、深蓝色、黑色之外,其他颜色都不穿;以当地生产的植物为食,一切都是靠自己,单纯地固守在深山里,过着原始的生活。

他们原本禁止外人进入部落,然而有一次不慎意外起火，烧毁好几户人家；一对外地的助产士夫妻，看到当地发生困难，就与慈济人联络。慈济人了解他们的规矩，所以一到他们的地界就不开车，徒步三个多小时前往村落勘灾；赠予灾民的衣服也都挑选黑色、蓝色等素色衣物，凡事尊重当地文化。

藉此因缘，让我们认识这个部落，他们虽然物资并不丰富，也没有便捷的交通工具、文明的物品，但是人人安贫乐道，谨守规律、伦理道德，生活简朴、和睦，与世无争、与人无争，与天地和平共住，这就是心地的世外桃源。

在台湾，尽管是文明物资丰盛的地方，同样也有心地清净的人。有位阿嬷家境小康，却依然勤俭持家，一件衣服修补数次，从大改小，长袖变成短袖，无不是艺术；姊姊穿完弟弟穿，弟弟穿过妹妹再穿，穿不下了就送人，能让好多人穿，还能赶得上潮流、穿得漂亮。

从环保站回收而来的衣物，经过阿嬷爱心改造，小孙女穿在身上还是很开心；阿嬷教育孙女，回收的二手衣经过许多爱心人的手，就是"福报衣"。这一家省下不少置装费，累积捐作善款，付出助人。

懂得惜福、节俭，若是家家户户能减少消费，每天都丰富有余，就能多捐助，让饥寒、受灾的人有一件衣服、一碗热食，获得温饱。多数人平安，人人点滴累积，就能帮助少数人的贫困；即使遭遇困顿横逆，也要善解人生，逆境顺受——看到世间苦难，自己还是福有余，应看淡得失，善解还要富有爱心。

世间法说来简单，分析起来很复杂；先要认清自己的本性，方能认清外在的万事万物。人人都原有一念清净本性，因为受到外境影响，衍生为复杂的无明，遮盖、障碍了智慧；找回自心的关键为何？扫除颠倒是非的无明黑暗，自然启发智慧之光，照亮心地，回归本性，就能将复杂的世间问题看得清楚，不会受境界诱引而造恶业。

心灵环保

常说："莫因小善而不为，莫以小恶而为之。"如：地上只是一张纸、一支宝特瓶而已，捡拾与否会有多少差别？或以为：浪费一点点而已，与大地有什么关系？于是随手丢弃一张纸,就会变成垃圾,危害环境;殊不知若人人弯个腰,捡起垃圾,就能让大地干净,资源回收再利用。

生活能自爱,则不会浪费,制造许多垃圾;有爱的人就有感恩心,有感恩心的人一定有尊重心。除了尊重人之外,也要用尊重的心对待一切物资,才会节约、节俭。其实尊重就是疼惜,我们要疼惜这片大地,不只是有形的大地,还包括无形的心地。

在大地播种前,必定要先除草、整地,才有助于种子顺利发芽、成长;同理,佛陀教育我们,凡夫心地如一片荒芜的土地,充满无明杂草,因此一定要将过去不好的习惯、烦恼去除,智慧的种子才能入心地,这就是心地的环保。

有位游居士长年做环保,后来罹患阿兹海默症,令人不舍,难得的是他心灵中总保有一颗慈济种子。一次在外迷路,警察询问身份时,尽管他无法明确回答姓名、住址等资料,却能毫无犹豫地说:"我是慈济人。"

有一次师姊带他参加慈济活动的会议,以便就近照顾,开会前有人因他人迟到而稍有抱怨,他就说:"不要说是非。"他虽然失忆,忘却的是人间是非,而留下清净本性。

人生无常,名利都是过眼云烟,有什么好计较？爱的种子要不断地撒播,让心地永远知道菩萨精神,洗涤无明,提升觉悟的境界;这一生的业消除,来生的心地就是遍撒干净的种子。

已经往生的林连煌居士在接触慈济之前,他的妻子认为先生脾气不好,而且烟、酒、槟榔样样都会,于是想尽办法请朋友帮忙,要将林居士度进慈济,第一步就是到花莲朝山。

朝山都是天未亮就开始,虔诚地一步一拜走到静思精舍的大殿前,从天黑走到天明。朝山之后,我对他们说:"朝山的意义就是一步步背弃过去的黑暗,而迎向光明。"只是简单的一句话,林居士接受了并且铭记于心,一颗善种子在内心萌芽,从此戒烟、戒酒、戒槟榔,还自我练习要口说好话。

这分转变令工厂同事感受深刻,一位李先生分享——林居士当时是位货运司机,到工厂载货时经常出口骂人,所以同事都很惊讶,自从朝山之后,竟然都能口说好话,将载货当修行。

父母也感觉到：儿子去一趟花莲回来，整个人脱胎换骨，不但脾气变好也不喝酒了。对于孩子转变，作父母的那分欢喜，难免会向自己的兄弟姊妹分享。

林居士的阿姨——阿猜阿嬷，听到妹妹提起侄子，感到好奇：怎么改变得这么快？很想了解；林居士便讲法给她听，邀请她一起做环保，也因为如此，林居士影响许多长辈投入做环保。

阿猜阿嬷喜欢山居生活，尽管子女希望她下山同住奉养，她都拒绝，除了在山上做环保之外，还会采摘鼠麹草做"草仔粿"，义卖所得捐作善款；一个十元的草仔粿，让她结下许多好缘。儿女不舍，总是劝她下山，她每次都说："等我柴烧完就不做了。"然而山上的柴怎么烧得完？其实她心念单纯，念念不忘的只是做好事。

不仅捐出草仔粿的义卖所得，她领回劳保退休金时，一部分留给孩子，余下的本想储蓄以备万一，没想到那年土耳其大地震，她又捐出一部分，说："我存这些钱又没有用，那些地震灾民很可怜，况且师父正需要大家的力量，一起投入赈灾。"

阿猜阿嬷不识字,仍发心做慈济委员。她说:"师父说不识字没关系,懂道理就好,我能做这么多,怎么不能当委员?"坚定地走入慈济的行列,环保从山上做到山下,始终不懈怠。

人生日复一日,若懂得运用时间,都是在累积福慧;反之,将时间浪费在醉生梦死,就是增加恶业。做好事只要一念心,即能造福无量,增长永恒慧命。我们要时时听闻道理,从"做中学,学中觉"。

在日常生活中要自己造福,修好品德,吸收清净法髓,让慧命增长,才能真正让生命健康;否则只是制造污染,成为大地的污染源。

人人都能用双手做环保,疼物命才能护地球,大家能清净过生活,平淡过人生,不是很好?

第三部

从温室效应到心室效应

第七章
简单生活为地球降温

现今地球气候失衡,冷热极端,在二○一○年七月,伊朗阿巴丹出现摄氏五十二度高温,赤脚踏地会烫出水泡;媒体报导高温不但让柏油路融化,连行驶过柏油的公车,轮胎也因高温融化而与路面的沥青交缠在一起。许多地方常有高温达到摄氏四十度以上的纪录,远超出人体温度。让人不禁感叹:地球真的发烧了!

看到大爱台有则新闻报导:在太阳的高温曝晒下,老鹰巢中的卵忽然爆裂;老鹰归巢后,展翅庇护其余的卵,头顶烈日如如不动,那分灵性的慈爱,令人感动。

母鹰忍着酷热护卵,这是众生本具的母爱。其实人人都有一分清净的本性,只是因后天环境才诱引出欲念;有人以"欲火中烧"形容人心欲念之大,仿佛熊熊燃烧的烈火,人人心灵欲火交聚,就如无形的阳光透过放大镜聚焦,其威力能引发有形的火灾。

同理,尽管心念看不见,但是人人的一分欲念很容易被点燃,欲念炽盛付诸行动将造成人祸;诸如人类对权力、利益的追求,会导致人与人之间产生对立、摩擦,甚至发动战争。

🍃 温室里的迫切危机

我们与天地万物共生息——地球若健康,人才能平安。想想,地球只有一个,到底还有多少资源,能让人类从海洋、山林、大地不断地攫取? 何况人口迅速增加,自然生态的包容力也有限。

此外,人们为了满足生活所需,不断地发展工业,造成各种污染;并在耕种作物的过程中,广泛地使用农药、除草剂、化学肥料等,污染土壤、水质,影响农作,现今各种疾病之多,与环境、饮食的污染都有密切关连。

各地天灾频繁真如水深火热。有位教授分析人体与空间的热能,研究如何做好室内空调;他表示每个人的身体平均发出约一百瓦的热气,相当于一部电脑运作时的热度;想想若同时在一个空间中集结四百人,就等于产生四百部电脑散发的热。

由此联想到日益加剧的温室效应,多么令人担忧;在天地中,除了人口本身所造成的空气污染之外,加上科技发达,各种电力设备、用品等,不都会耗费电能? 发电过程增加多少二氧化碳?

从无始迄今,人类耗用资源的速度愈来愈快——从以前过滤沟渠取水作为日常之用,发展到今日打开水龙头就有干净的自来水;从火把、蜡烛、油灯,到今日一按开关就满室通明的电灯,各种生活设备的进步与便利,背后换取的代价却是资源的耗损。

科技进展快速,许多人以为"人定胜天",然而人力真能胜天吗? 一旦天灾发生,诸如大水漫溢,如何才能让豪大雨停止? 森林大火时,又如何呼唤天降雨水灭火? 已有不少学者在探讨,气候不调和的原因;然而大部分的人,是否能理解与觉醒，正视专家、学者所释出的警讯？

有人认为自己所住的地方只不过小小一块，大地受伤与己何关？虽然相较于地球广阔的土地，每个人所站的面积微不足道，但是任何地方传出灾难的讯息，却都是在提醒人人对于地球的健康要提高警觉，因为我们是生命共同体，彼此都是息息相关；所呼吸的空气都相同，即使发生在远地的灾难，也会影响个己的生活。

天下灾祸究其源头，多来自人的贪、瞋、痴所造成的共业。古语："爱河千尺浪，苦海万重波。"众生的贪婪如滚滚洪水，欲念泛滥，就容易引发海啸——从心灵海啸到金融海啸，可能还会有缺粮海啸，以及各种有形、无形的灾殃。

大爱台记者曾探访大洋洲的一个美丽小岛——吉里巴斯岛。那里是全球每日首见曙光的地方，但现今正面临海水淹没的危机。看到新闻画面，当地有段路原本是平地，如今水深及腰，记者需将相机扛在肩上涉水而过。数年前，台湾曾经帮助当地兴建医院及宿舍，记者前往采访时，医院已临海滨，而宿舍已陷入海水之中；这当然不是当年兴建时的模样，这是海平面上升的见证。

该国总统表示,目前正积极计划将人民迁居他处,并无奈地说:"我们国家没有制造过什么工业污染,然而工业国家所造成的温室效应加剧,导致冰山融化,海平面上升,使海水将淹没我们的小岛。"

不仅温室效应带来巨大影响,长期人为的不当造作也有不小的破坏。在泰国,湄南河风光明媚,长年吸引许多观光客流连,带来繁荣;然而人为的过度开发,超抽地下水,导致地层下陷,距离曼谷约二十公里的一个沿海村庄已被水淹没,放眼望去,只能看到电线杆。

河川除了因上游周围的林地遭滥砍滥伐,破坏水土保持,土石流泛滥,淤积河床之外,地层也不断地下陷,海水沿着河川倒灌漫溢,造成水患,土壤也因而严重盐化,无法耕种,在在都是警讯。

有的地方面临洪灾,有的地方则苦于旱象。中国大陆有段期间发生大规模旱灾,近三百五十万人饮水出现困难,民生用水极度欠缺,甚至传出有一家六口只用一杯水洗脸,遑论种植作物的灌溉用水。二〇一〇年在昆明水荒更为严重,政府只能进行配给,一个人每日包括吃的、用的只有四两水。

我听到一人只能用四两水,就很警惕:每次要打开水龙头前,四两水的影像就浮现脑海,深刻提醒自己要节省用水。人不能不饮水,即使喝水也要想到缺水之苦,有些人倒了水,只喝半杯就随手一倒,在日常生活中养成浪费的习惯,后果堪忧。

地球若无水,人要如何生存? 不要等到无水可用,才后悔以前的浪费行为;平日要多珍惜水资源,否则也许地球的最后一滴水,会是人类的眼泪。

即使有水的地方,水还得干净才能使用。新闻报导,全球有将近三分之一的人口没有干净的用水,无论是沐浴、盥洗都成问题,何况喝水、煮食,民生所用无不需要水;若水不干净,则易孳生细菌、蚊虫,而产生疫情。大乾坤生病了,人体小乾坤如何能健康?

如约旦风景很美,死海是当地奇景之一,因为水中盐分很高,人能浮在水面,犹如躺在海滩凉床般悠哉;当地人穿着传统服饰,或骑或牵着骆驼,一派悠闲的模样。然而近年来由于地球暖化,以及当地观光人潮过多,飞机、大型交通工具来来往往，不论是交通工具的污染，或者人群聚集所散发的热气，使当地愈来愈热，旱象愈明显——死海水面逐渐消退、沙漠面积不断地扩大，使原本耐旱的骆驼，也出现饲养不易的状况。

澳洲的悉尼，无论水源、山林都很干净，是不少人向往的人间净土；近来却因连年干旱，屡受沙尘暴侵袭。看到新闻报导，整片天空都被沙尘染得通红，真是名副其实的"红尘滚滚"，触目所及，花草树木、汽车、屋舍等，都蒙上一层厚厚的红色灰尘。还有北京年年受到来自蒙古的沙尘暴所害，起因正是土地干旱，失去草地保护而沙漠化；近几年范围广大，即使遥远隔海的台湾也受波及。

切勿小觑气候的不调和，影响所及不仅是日常生活的不便，也会影响世界粮食的收成；无论寒害、干旱，都会让作物无法顺利生长。令人担忧的是，气候异常连带牵动生物遭受病害；诸如一九九九年乌干达的小麦出现一种秆菌，只要有几株小麦被感染，数小时之内就会传遍整片小麦田。而且由于菌的孢子无法以肉眼得见，防范不易，只要风一吹，很快地会飞至远方扩大感染，已有数国的小麦受到感染;学者也提出警告,一旦传染至世界各地,导致粮食歉收将造成粮荒。

尽管工业、科学发达,造就现今物资丰盛的时代,然而此时更要提高警觉;人人需节俭、惜福,才不会很快地消福。佛教中有小三灾——刀兵劫、疾疫、饥馑,刀兵劫即是战争,疾疫是传染病、瘟疫,粮食无法生长则会产生饥荒;目前不只出现小三灾,包括"火、水、风"大三灾也频频发生。

有些科学家忧心人类的未来,为了防患于未然,在北极挪威斯瓦巴山,建造一处全球种子库;采集大地三百多万种植物种子加以妥善收藏,以防若有大灾难降临,大地植物全被消灭,人类还有种子得以重新播种。

面对地球层出不穷的危机,如何才能纾解缓和? 古云:"解铃还须系铃人",我们既然都生活在地球之上,因此都有一分责任,应从改变自己的日常生活做起。

🍃 善念化危机

地球的危机让联合国紧张,在非洲或贫穷的中南美洲,由于气象失衡引发饥荒,造成多国粮食缺乏,粮价已飞涨数倍;穷困的人身陷饥饿,即使有钱的人要买粮食,也未必能买到,有的国家即曾因而引起民众暴动。

海地是世界上最贫穷的国家之一,粮荒期间人民为了买粮食而大排长龙,却供不应求,有钱仍买不到,演变成民众抢夺粮食;在较穷困的地方,人们则将泥土拌水混和些青菜、盐巴做成泥土饼果腹,不过这种有黏性可食用的泥土,不是每个地方都出产,必须用卡车运输,遇上石油涨价,连泥土饼也跟着调涨价格,真是苦不堪言。

提起饥荒,有人会觉得:这离我还很远,天天所见不都是丰富的食品?超市、米店不都是满满的粮食?现在已不只是贫穷国家出现饥荒的现象,有段时间美国的量贩店也限量供应粮食,令人想起在二次世界战争时,粮食是用配给的方式——一个人只能分到数两米粮,因此对食物都很珍惜。

而今社会物资充足,不但不懂惜福,反而容易养成浪费的习惯。每次看到厨余都很心痛,世界上有多少人欠缺粮食,正在挨饿受冻?人们却忍心将食物丢弃。其实现在多数是小家庭,处理三餐并不困难,不必动辄上馆子,点了满桌菜肴,吃得少,剩的却变成厨余。平常应该吃多少煮多少,用多少买多少,不要养成奢侈浪费的习性。

在马来西亚的慈济幼儿园,有次只煮番薯给小朋友拌着盐巴配饭吃。起初小朋友会说:"光是白白的饭,吃不下。"师长就教育他们:粮荒时怎么办?有的地方没得吃,大人、小孩只能在垃圾堆中觅食;所以肚子饿时,有饭能吃就是幸福。小朋友听后,知道有得吃即要感恩,于是纷纷将饭都吃光。

生活态度的改变,非但不会影响品质,反而还能有相当不错的环保成果。有个企业集团规模很大,扩及两岸,这位老板曾至花莲"取经",将慈济精神运用在台湾的公司之后,感到员工工作比过去认真,而且对客户较能柔和招呼。

他认为很成功,也推行到大陆的公司,常请慈济人前往演讲。员工看到普天之下苦难人这么多,许多人面临饥饿,而且未来气候会更极端,天灾密集,以及人祸战争、疾病瘟疫等;他们将道理听入心,知道要节流、爱惜物命,也懂得感恩——五谷杂粮成长不易,一切物命都要疼惜。

后来这位老板告诉我："在大陆,我们有数百位员工,现在供餐煮的米一个月可以减少五百公斤。"

我问:"为什么? 是吃饭的人减少吗?"

他说:"吃饭的人没有减少,是厨余减少。"

以前大家都是拿得多、吃得少,吃不完都倒掉,而今懂得珍惜食物;饭菜还是一样,大家只拿取适当的量,就不会制造过多的厨余。

过去的年代,长一辈的人不仅自己节俭,还常用因果观谆谆教诲下一代;记得小时候若是碗里剩下一点饭粒,大人会说:"要吃干净,不然会被雷公打。""浪费的人没有好结果,将来会没饭吃。"无形之中对孩子讲述因果、不惜福就会消福的观念,所以孩子无论吃饭、用水等自然会节省。现代的环境教育不同,在鼓励消费的环境下,如何能让孩子懂节俭?

以前的人用水,要等夜间没有人在洗涤衣物、器皿,水较干净时,到溪河、沟渠挑回倒入大缸里,放一点明矾,隔天一早,就能取水煮饭、烧菜;因为挑水辛苦,用水就会节省。现在自来水取用方便,反而不懂得如何节约,令人担忧。

一般人日常生活会接触许多事物,难免内心起起伏伏;然而静下来好好地思量,能平安过日子,衣食充裕,住的地方能遮风蔽雨,是否应心存感恩? 并谨慎观察,检讨自己的生活是否奢侈、浪费?

　　根据一位英国教授的研究,生产一公斤的小麦,过程需耗用约一千公升的水;生产一公斤的牛肉,则要耗费一万五千公升的水。我们能从科学的角度,检视生活如何做到简单、节约。

　　想想,一只牛有多大,它吃的牧草、水量多么惊人,种植牧草需占用多少土地,然而一点肉能供给多少人食用? 却消耗这么多资源,若大家在生活饮食方面多素食,省下的资源不仅能供应许多饥饿中的苦难人,也是为未来多囤积粮食。

　　一切物资得来不易,五谷杂粮除了要经过农夫的耕作之外,还需气候调和,若遭遇干旱、水灾;或是水质不良、土壤贫瘠,尽管种下稻子,仍无法结穗。花莲曾发生稻谷不稔症(空穗)的情况,农夫也只能望天兴叹。

　　除了饮食之外,生活中哪样不需要众人的辛勤努力?

所以大家要戒慎虔诚,自我检讨生活,不要浪费。诸如穿着简单,也不会失礼仪与大方,曾听慈济中学的李校长表示,在慈中任职数年来,每天都穿制服,整齐端庄,因而未曾添购其他新衣,省下的钱就作为学生的奖学金,或是买一些奖励品鼓励学生。

在行的方面,现代人出门无论路途远近,动辄开车、骑机车;已有许多关心地球危机的学者,呼吁大家少骑乘车辆,改骑脚踏车或徒步,不仅能减少制造污染,对身体健康也有益处。人人表达勤俭其实很简单——走得到的地方,尽量走路;若是远一点就骑脚踏车;再远一点则乘坐公共交通工具,如火车载运量大且安全。又如多走楼梯,减少搭乘电梯,就能减少碳足迹。

沙鹿有位小学校长,平常看到学生家长都是用机车或开车接送子女,因此建议家长改以陪伴子女走路上学,或是让学生自行到校。许多学生、家长认同校长的环保理念而付诸实行,其他人见状互相影响,愈来愈多人响应,不仅省下油钱,又能减少制造二氧化碳;人人一念心,带动的效应相当可观,这些都是在生活中,人人能做的事。

我们生活在这片土地上，皆能体会到大地在发烧，整个环境、空间的异常变化，所以应提起一分疼惜的心，付诸行动——以简单的生活，让地球能休息，不要再让地球受伤害。

第八章
素食复育大地生机

　　有鉴于气候迅速变迁,导致天灾愈加频繁,为了减缓日益严重的全球暖化现象,之前提过联合国气候变迁小组提出三项人人可行的建议——不吃肉、骑单车、少消费。我也有三种方法:第一,生活戒慎,提高警觉,按部就班守规矩;第二,虔诚敬天爱地,减少制造污染,不让大地受毁伤;第三,人人合心协力,少浪费、多付出。

　　日常生活中应惜福、节俭,身体力行节能减碳;诸如以素食取代肉食,就不必为了辟建牧场而砍伐树林,还能减少畜牧过程所造成的大量碳排放,对身体而言也是较为健康的饮食方式。而且茹素、斋戒是表达戒慎虔诚的方式,时时守戒就不会脱轨犯错,自然能去除不良习气,净化心地与大地。

素食护大地

人人都生活在天盖之下，地载之上，万物皆为天养地育。天为乾，地为坤，天地就是大乾坤；乾为智慧，坤为慈悲，悲智相合，即是天地和合——天气清明，土地健康。个人如同小乾坤，古云："父如天，母如地"，以小家庭而言，父亲负责任、有智慧，母亲宽厚慈悲，家庭就会健康和谐。范围再缩小，个人若能身心和谐，才会健康。

然而在"民以食为天"的观念下，人们对于饮食常不知节制，造成失调。时闻媒体报导，无论经济景气如何起伏，餐饮业仍旧旺盛，大家饮食无度，忽略了前人"病从口入"的教训；长期不良的饮食习惯，诸如油脂太高、肉类摄取过多，都是致癌原因。医师常发出警告，保健之道要少油、少盐、少糖等，我们应从饮食开始保护自己的健康。

我们生来人间目的为何？只是为了满足口欲吗？为了一时的滋味、口感，伤害多少生灵。佛典中常常提醒我们有六道轮回，其中之一是畜生道，即是人类以外各种各类有知觉的生命；佛陀说："蠢动含灵皆有佛性。"只要有生命，就有平等佛性。我们若能有正确的轮回观，就能开阔爱人的心。

人心原本清净无染，能包容天地万物，可惜许多人都将爱的范围缩小，只爱自己所爱的人。大家应将这分爱从自己扩展到敬父、爱母，遍及兄弟姊妹，让家庭充满敬爱；进而从小家庭开阔到邻里、社会，乃至天下，爱心无界线，就能懂得尊重生命、爱护生灵。

这分大爱落实在生活层面，要从简朴、爱物做起，避免放纵、奢侈。

有人会说："我没有做坏事，只是爱吃鱼、爱吃肉。"然而为了供应肉类，就需要多造杀业，如屠宰业者会说："消费者若不吃，我就不杀。"多吃就多杀，这是恶性循环，都有共业，切莫以为不是亲手杀生就没有罪业。

佛陀教导我们要"观身不净"，身体充满不净物，再好吃的食物，吞下三寸喉后还有什么滋味可言？光是为了满足人类的口欲，造成多少污染？现今提倡素食不只是宗教信仰的因素，国际许多研究气候、天灾的专家，已证实素食对保护地球的贡献；他们认为大地污染的来源，部分来自牲畜,诸如为了饲养牲畜,砍伐树林改种牧草,造成动物与树林争地。

大爱台节目"呼叫妙博士",有次探讨畜养牛、猪、鸡、鸭等牲畜所造成的污染,了解现代自动化的畜牧过程中,过度密集大量的饲养结果,不仅动物的排泄物会造成污染,包含动物体内废气的排放,也是温室气体,会加重温室效应;畜牧对空气造成的污染、对大地造成的伤害,真不知如何计算。

而且为了能大量提供肉食,有些业者会为动物注射化学药物,使其快速生长、增加产量,造成动物体内病菌产生抗药性。加上动物畜养场所狭窄,空间紧密,一旦有疫病发生,往往互相感染、蔓延,甚至已出现人畜共通的疾病;常听到的狂牛病、口蹄疫、禽流感等,不就是从动物疫病而来?

新型流感刚出现时,即是从猪只疾病变成人畜共通,所以又称为"猪流感"。当时猪流感传至各国,造成恐慌,因此扑杀猪只,数量庞大必须挖掘巨坑,猪血流入坑内形成血湖,甚至染红周围河水、污染土壤,景象怵目惊心。

其实大家若能提高警觉,尽量不吃动物,自然能避免受疾病侵害。现代物资丰饶，人们多是营养过剩，肉食反而造成身体负担。日本人称素食为"精进料理"，茹素不仅让身体健康，培养慈悲心，同时能减轻大地负担，清净养息，生长五谷杂粮提供人类，避免出现缺粮危机。

曾听大林慈济医院一位林医师分析，同等重量的马铃薯与牛肉，皆能摄取热量、营养，然而二者所造成的温室气体，牛肉高于马铃薯五十五倍以上。欧美许多国家提倡一周至少一日素食，据说比利时估计，在当地实行一年，能减少约两万辆车的碳排放。因此要照顾好身体、照顾好地球，改变饮食方式，吃得清淡，就能做得到。

改变很难吗？其实不难，许多事并非做不到，而是志气不够。唐朝白居易任杭州太守时，一次拜访鸟窠禅师，请求开示佛法。

禅师说："诸恶莫作，众善奉行。"

白居易回应："这个道理很简单，三岁儿童都会说。"

禅师："虽然三岁儿童能说，但是八十老翁却做不到。"尽管道理浅显，然而能否做到，端视每个人是否坚持。

孩童的心很纯真、善良，能直接表露于外在的行动。有位四岁的小朋友,在幼儿园听老师教导要吃素,不仅自己坚持茹素,回家也常告诉家人不要吃肉。有一次与母亲出门买菜,母亲想买鱼,他拉着母亲直说:"不要买鱼、不要买鱼。"母亲说:"孩子,你不懂。"还是买了鱼回家。

后来母亲在煎鱼时,他就站在炉边,母亲边盖锅子边说:"你走开一点,被油喷到会痛。"

他说:"我被油喷到会痛,鱼在锅子里被油煎,它痛不痛?"母亲听了他的话很震撼,从此不再买鱼。

还有一次,父亲的朋友邀他们全家上馆子吃饭,大人们点了一道乳猪——刚出生的小猪;乳猪一端上桌,他很严肃地指着乳猪说:"它如果是你们的孩子,你们敢不敢吃?"

大家赶紧说:"不吃,不吃。"又将乳猪端出去。这种护生命、爱地球的理念,小孩能做到,大人难道做不到?

马来西亚的大爱幼儿园曾推动"蔬国护照",以活泼的方式让小朋友懂得素食,老师发给小朋友一人一本"护照",记录家人的三餐——一日三餐都吃素,就用绿色标记,二餐用黄色,只吃一餐是红色。有一位孩子坚持茹素,自己的标记都是绿色,父亲的部分则是"满江红",尽管不能影响家人让他较没成就感，自己仍力行不辍。

阿公、阿嬷起初觉得好玩，会陪着他吃素，后来难免担心孩子的营养，想劝他吃点肉，所以阿公会故意将这个孩子最爱吃的红烧肉放在他面前；孩子眼睛盯着肉看，内心挣扎，过了一阵子还是走开了，不为所动。父母都感到不可思议，看到孩子吃素的意志如此坚定，连原本不习惯吃素的父亲也被感动，全家跟着孩子茹素。

有人会说："小孩子，好玩说说而已。"然而他们的发心立愿很清净，时时守持愿力，也会力劝他人茹素。有位六岁的小女孩"祈祈"，从出生就不吃肉，她每天都虔诚祈祷——人人能知足、感恩、善解、包容，接受她劝斋的大人能生生世世持斋。有次接受记者访问，她说："我们要爱猎人，让猎人不用再杀那么多生命，动物就可以开心生活；而且我们要环保、爱地球，不要杀动物了。"五六岁的小女孩，如此懂人事、懂道理。

她还有一个愿望——希望阿公多吃素，平常若是看到阿公家买了肉食要煮，她都会表示抗议。有次看到阿公家的佣人在杀螃蟹，她的表现却异于平常，只是沉默地看着。

一离开阿公家,她就哭着对妈妈说:"我再也不拜佛了,我天天祈求菩萨保佑,让人人有爱心,也祈求阿公多吃素,可是菩萨都听不到。"

后来幼儿园的老师告诉她:"我们虔诚的祈求,不是短时期能生效,要长期不断地祈祷。"她听懂了,又生起信心;终于阿公也被她诚恳的心感动,愿意多吃素。

素食对身体的好处真多,有位黄医师的太太怀孕时都茹素;孩子出生后不但吃素,也不喝牛奶,是冲泡豆元粉给他喝。直到这个孩子大学毕业,要出国进修时,一家人前来看我,看他长得又高又壮,问他:"你还吃素吗?"

母亲说:"当然,他一点都不动心。"

我问他:"如果出外不方便呢?"

他说:"我平常吃的都很简单。"吃素让身体健康,这都可以作见证。

人人改变饮食习惯,多食用五谷杂粮及蔬果,既有益自身健康,又不必畜养大量牲畜,产生污染,也能培养爱护生命、疼惜动物的慈悲心,正是救地球、缓和温室效应的好方法。

🍃 斋戒净心地

一般称吃素为"吃斋、茹素",意思就是净口——吃下的食物需干净;不只要素食"净口",以佛法而言,斋戒是净化身、口、意。何谓"斋戒"? 洗心涤垢谓之"斋",防非止恶即是"戒",从心出发在身行、口舌各方面都要提高警觉。

为什么要斋戒? 就是要清净身心,不但口要清,连心灵也要清,从内心清除心垢,才能防止行动错误,这叫做"戒"。我们的罪业来自于身口意念,起于身体造作,无论举手投足、开口动舌,只要伤害到他人,侵犯到其他物命,都是恶。所以我们要提高警觉,时时由衷地启动净心、善行,息灭一切贪欲,否则一念贪欲起,吞食许多众生命;人间最可贵的是生命,我们要将心比心,不只是爱人,还要疼惜所有众生。

大家应有怜悯心,不要执著非吃荤才健康;素食能培养爱心,不忍众生受苦难。所吃的动物,不都是生命吗? 我们何忍杀之、食之? 因果循环,以恶制恶,结果会更恶。

孩子很纯真、可爱,若加上在好的环境受教育,就能保持着真诚的心。有位阿哲小朋友,他分享看过《生命的呐喊》影片后,发自内心起了一分怜悯动物的心。

阿哲表示,凡事有因果,所以他要素食,如果一直吃肉,动物也会反扑。他还要斋戒,发愿生生世世不再吃动物的肉;因为他家三代,上有姥姥,他说姥姥也会往生,再来六道中轮回,都会有因果。

还有一位小颖小朋友,他不只自己发愿斋戒素食,回家还影响家人。父母都以为孩子好玩,所以短期让他素食,没想到孩子认真对待,父亲要他吃肉,他会问:"如果你被那些动物追杀时,你会怎么样?"父亲说:"喊救命!"

小颖说:"动物也一样,它也会喊救命。"

父亲说:"但是它不会讲话,我们也听不到。"

小颖说:"它只是不会讲人话而已,同样也会喊救命。"这都是一颗颗纯真有爱的赤子之心,人人心本清净,何忍屠杀生命。

有人认为吃肉能补身体,其实在过去社会,因为生活普遍贫穷,饮食简单清淡,鲜少有宰杀牲畜的机会,只能在过年、过节时大开杀戒"进补";尤其是入冬时,以中医观点认为应"补一补身",因此有立冬进补的说法。犹记小时候立冬会吃燉米糕,将糯米和龙眼干一起燉煮,如此就很补了。冬天是万物冬眠的时刻,我们也要保护身体,吸收太多油脂反而不好,因此饮食方面最好清净些。

现在的医学、科学都强调营养要刚好,不要太油,营养过剩。在佛陀时代就有许多饮食规律,其观念仍然适用于现代;诸如"过午不食",是为了让胃肠减轻负担,倘若吃得太饱,人会昏沉、懒散,反而比较累。

午餐所吃的,已够维持身体的力量,吸收的营养也足够,晚上的饮食就可以简化,因此佛教称晚餐为"药石",让有需要的人可以简单进食疗饥,以维持基本体力。

一般人平时生活正常就好,清清淡淡的最卫生也最健康。释迦牟尼佛不但是宇宙大觉者也是一位心理学家,教导我们心理教育——素食者生性较温和,不会太激动。看看动物界,老虎吃肉、牛吃草,老虎虽然有力,性情却很凶恶,也较欠缺耐力;牛则耐劳、耐磨又有耐力,性情温和。

人人除了素食之外,最好还能在家用餐,上班、上课前也能在家装好便当,使用个人的碗筷、自家烹饪的饭食,都能注重卫生、保护健康；即使外出用餐，也要随身携带环保三宝——环保碗、杯、筷，注意用餐卫生。在家吃饭同样应使用公筷母匙，否则一个人生病，筷子和汤匙都会传染病源。

我们不仅在台湾推动斋戒，也将理念传播到海外，如马来西亚慈济人多年来推动五月斋戒月，逾十万人共同斋戒，如此能减少杀害多少生灵？不杀动物，让万物能自然和谐地生活，这都是好事。

二〇〇九年十二月下旬，当地举办三场《清净、大爱、无量义》音乐手语剧，共有一千一百零八人参与演出，其中五百人表演手语，另有五百人诵唱《无量义经集选》，还有一百零八人演出默剧。这一千一百零八人从九月九日开始，发愿斋戒一百零八天，如此戒慎虔诚，令人感动。尤其马来西亚多数人信奉伊斯兰教，一般大众较无素食的习惯，他们能坚持斋戒，可见好习惯能培养，好事要多宣导。

在南非，慈济人也在推动斋戒素食；尽管在这个不知何谓斋戒的国度里，推动素食谈何容易，不过慈济人难行能行，立下心愿能发挥很大的力量。

曾有群慈济人及慈青带动一群青少年,共同至海边净滩,同时对在海滩游玩的人宣导素食。有三位年轻人,看到慈济人浩大、整齐的队伍,不只大人、少年,也有小孩;人人穿着志工背心,不怕肮脏、恶臭,弯腰捡拾遍地的垃圾,而且人人脸上都面带笑容,个个欢喜自在。他们感到很好奇,走近询问一位年纪较大、行动不太方便的志工:"你们在做什么?"志工将慈济所做的一切告诉他们,还有慈济人如何奉献救贫、救病、救地球的工作。

　　这三位年轻人听了,看到这群可以当阿嬷的志工,还有与他们年龄相仿的年轻志工,能如此投入付出,深受感动。于是坦承他们到海边,原本是要物色偷窃的对象,可是看到志工们行动不便、生活艰苦,还能付出助人,惭愧自己手脚健全,却要偷窃,说:"我发誓,再也不偷人家的东西,要重新展开人生。"

　　虔诚斋戒,所创造善的力量很大。一念纯真无私,虔诚敬爱天地万物,就从自己的生活习惯开始,不要放纵自心;善,是一条正道,往前走,就能造就人间净土。

第九章

环保与科技的拓展

面对全球的气候灾难，不要以为不是发生在周遭就与己无关；天地如一大宅，当一个角落失火时，其他地方还能处之安然吗？也不要轻视己力，认为：我一个人能做多少？节能减碳需要汇聚每个人的力量，才能减缓危机。

慈济大学学生曾在花莲发起宣导，沿街向商店推广环保理念，获得许多商店响应，自发性地做好垃圾分类回收。在台北曾有数十位连锁便利商店店长，到慈济环保站了解如何做环保；从而明白原来从他们店中每天卖出的瓶瓶罐罐，若不妥善处理，都会造成地球的负担。许多便利商店开始落实环保，不只是自己做，还带动顾客做分类。

二〇〇八年的世界地球日前，台北东区有五百家商店响应夜间熄灯十分钟,以表支持节能减碳。

记者访问商家:"这样会不会影响生意?"

商家说:"影响个人事小,有关人类整体才是真大事。"

听到民众诚恳地表示:要保护地球,感到"德不孤,必有邻",好事只要用心推动,都会获得响应;尽管只是一个小小的动作,人人合起来就有很大的影响力。

草根菩提

慈济的环保志工,行入人间环保这条康庄大道,也就是"菩提大道直",他们所表现出的智慧,我们称为"草根菩提"。为何称"草根"? 就是缩小自己,但求保护大地。大地需要各种植物,除了绿叶能行光合作用、吐新纳垢之外,在地下的根能保护水土;无论大的树根、小的草根,都能发挥良能。环保志工很谦卑,放下身段,为了这条菩提道而觉悟——人人生存在大地,却也是人类破坏大地;唯有行入人间的菩萨,能保护大地。

在大爱台的节目中,我喜欢观看记录环保志工故事的

"草根菩提";因为在"草根菩提"里,能看到纯真的人间菩萨落实环保理念,为了让地球的生命更长、更健康,不仅需要不断地宣导,重要的是身体力行。自己若没有投入行动,想带动他人会很困难;反之,尽管没有多说,只要身行尽力去做,他人自然会被感动,身教就能发挥很大的影响力。

环保志工心宽念纯,单纯一念"做,就对了",做到令人尊敬进而效法,所以他做、你做、我也做,人人都能响应做环保。从高楼到每个社区角落,都需要每个人力行环保,因此大家应自我期许成为环保种子、地球的贵人,共同启发人心那分真诚的爱——无论是在平地、高山、海上工作,都能就地广为宣导。

做环保在净化大地之余,也能净化自心。常听到慈济的环保志工分享,原本过去的生活是赌博、抽烟、喝酒、嚼槟榔等样样不离;不过如今大家所看到的都是专心一志做环保。也有许多较为草根性或不识字的志工,因为用心力行,懂得道理,能对大家侃侃而谈环保应如何做,都是维护地球的专家。

数年前由慈青发起的"全民环保五化"——年轻化、生活化、知识化、家庭化、心灵化，不久推展到全龄化——老、中、青、幼皆投入。尤其看到年纪大的长者，八九十岁的志工比比皆是，还有年过百岁的老人家，勤做环保非但不嫌累，还说："感恩，让我们老者有用，能呵护大地，也是照顾人群。"这群长者志工，有的家境很好，有的一生劳苦，尽管具有各种不同背景，但是只要做环保同样满心欢喜。

有位年逾八十的何阿嬷，从小必须帮忙倒馊水、挑水等许多家事。如今虽然经济情况不错，但是一路走来依然勤俭持家，投入做环保。有次她关节痛，医生告诉她必须动手术，于是她带着先生到菜市场买米、买菜，细心地教他洗衣服等家务；还特别交代他代替自己做环保，仔细地教他环保工作的细节。她说："环保工作假如没有传下去，我回来就没有环保可做了。"

环保工作人人都能做，既没有年龄之分，也不分各种职业——不少博士、教授，或是企业家、董事长带着员工投入，大家利用时间付出，树立各个岗位的典范。

有位杨员警任职于南部一个小派出所，由于乡下民风淳朴，警力精简，所以勤务包罗万象，如夜间拦检、查户口等林林总总都是日常职责，甚至乡民遗失一只鸡也会请他帮忙找寻；尽管事务繁杂，他却乐在其中，与当地民众相处融洽。

有一年他看到慈济志工在做环保，志工告诉他："我们有车，只是缺少司机帮忙载运。"他表示愿意帮忙，从此利用假日投入做环保，承担司机工作。他说："我把环保车当成巡逻车开。"因为环保车奔走于大街小巷，虽然是休假时投入环保志业，但是不离警察职责，用心注意街头巷尾有无可疑的人，也曾因此发现失窃的机车。

我们经年累月地宣导，在环保中爱惜物命，一念心落实行动，处处都有成果。在台南一片杨桃果园，种植的杨桃大部分外销，每年种植过程中，需耗用大量纸或塑胶材料包装，采收时，再将纸、塑胶拆除，垃圾囤积如山。原本的处理方式，不是焚烧，就是堆积在溪边、山区；燃烧会造成空气污染，堆放溪边、山区，也容易产生堵塞水路、破坏水土、污染溪河等问题。

一位陈居士发现这个问题，赶紧与慈济人联系讨论：如何投入宣导、带动当地人资源回收？推动后颇见成效。令人感动的是，村里一位老先生表示，活到八十多岁才听到环保的道理；于是他开始做回收，做得很开心，可以净大地，也能将垃圾做成资源回收，造福人群，还鼓励村民一起做，全村都在推动环保。

只要有心，人人都能被带动。因汶川大地震的因缘，慈济人走入四川，在洛水、汉旺关怀与陪伴当地乡亲很长一段时间，安抚人心之余，也带动环保。年仅六岁的李小弟，有次外婆带他到慈济洛水服务站，正好遇到志工在解说垃圾问题，他听入心，知道这是爱护大地、付出爱心，于是与外婆和慈济人一起做分类，而且回家后到处宣导："瓶子、纸张要回收，送到环保站。"阿姨也被他感动，回收许多东西，让他带到环保站。

李小弟听说宝特瓶、塑胶类能回收，再制成为环保毛毯，因此有次施打预防针时，一看到保护针头的塑胶套被丢弃，在勇敢地接受注射后，便向护理人员要这些针头套子，一一放进袋子。大家问他："收集这个做什么？"

"可以资源回收做毛毯。"

孩子清净无染的童真，容易接受美善的清流，同时带动全家一起投入。在台湾有位政府高级官员,他的女儿出生时患有唐氏症,夫妻俩付出全部的爱教育这个女儿,女儿也不负父母期望,用心学习,纯真又有智慧。

有一次女儿看到大爱台节目在宣导减碳的观念,她听闻后牢牢记在心里,也落实在行动中,每天回家不再搭电梯,都要走楼梯;一天妈妈带她到医院就诊,十多层楼走得脚都酸了,站在梯间休息,妈妈趁机试探她:"好累,我们去搭电梯好吗?"

她说:"不行,我们要减碳。"坚持一路往上走。

不仅如此,平时在家中舍不得吹冷气,还会带动父母、全家一起省水、省电;她家的水电费,从最高一期八千多元,省到后来一期二三千元,重点不在于省了多少钱,而在于背后节省了多少能源,以及减少多少碳足迹。

环保观念需要广为呼吁、宣导,大爱台更是发挥了很大的传播力量。在大陆福鼎有位家境富裕的杨师姊从未见过我,仅通过大爱台的节目获知环保观念,从一个原本手戴钻石,出门以高级车代步,衣柜中挂满华丽衣服,却仍不满足,常感空虚的贵妇,走进慈济,专心投入环保;如今骑着机车深入大街小巷捡拾回收物,即使衣服沾脏也不以为意。

在金融风暴席卷全球的那段时期,一位唐师姊原本家境不是很好,开工程车的先生又受景气波及,夫妻俩仍是平心静气面对。起初唐师姊决定要做环保时,先生曾担心:"我们家不是很有钱,你这样做,会不会遭人误会、批评?"

她说:"既然要做,就积极地做,师父说'对的事,做就对了',不必顾虑太多。"

她在村里搭起一个四坪大的环保站,下雨时就拉起帆布继续做;村人都知道她做环保不仅是为了疼惜大地,所得还能做救济的工作,纷纷响应。她一个人的行动,影响了几乎全村,她的伯母肯定地说:"做环保真好,可以救活众生。"

村里一位林阿嬷则说:"这是为大地,也是为我们的子子孙孙,都是做好事,理所当然要做。"村人平常会将资源送到小环保站,在大型回收活动时,也会前往帮忙。

此外,年轻人做环保也不落人后,在马来西亚有群慈青落实环保,他们到高楼大厦挨家挨户宣导,希望居民能将报纸收集存起,让他们每星期前往回收。难得的是,这群慈青力行减碳,即使十余层楼高,除非纸堆过重才用电梯载运回收物,他们则无论如何都是走楼梯。这些行动感动许多住户,愈来愈多人响应,将报纸整理好,固定时间放在门口,让慈青回收。

慈青将资源回收所得,捐给当地的慈济洗肾中心作为洗肾基金;有些肾友知道自己的健康是这么多人付出的结果,积极地投入回馈,不仅付出劳力做环保,也投入救济的工作,让身心都健康。

做环保不分男女老幼,志工们都是用心呵护大地,捡拾他人丢弃的资源回收分类,延续物命,同时也是增长自己永恒的慧命。

跨领域的结合

有则佛典公案——有位大药师,一天要徒弟到山上找药材,交代他若看到能作药材的植物就采回来。这位徒弟拿了篮子到山上走一趟,返回时仍两手空空,大药师问他:"你出去一整天,为何没有采到一件药材回来?"

徒弟说:"满山都是药材,不知该采哪一种?"

大药师说:"既然如此,你明天再上山,看到不是药材的植物就采回来。"

隔天徒弟出门一整天后,还是空手而归。

大药师问:"你怎么又空手回来?"

徒弟说:"我很认真地找,样样看来都是有用的药材,但是每一样若没有好好地用,也都不是药材,所以我还是空手回来。"

凡事都是一体两面,有无价值端视如何对待、运用;就如一般人以为垃圾没有用,其实若能善加运用则有大用。有次听慈济大学一位教授提出报告——如何让垃圾变成绿色能源? 我告诉她:"有这样的构想很好,还可以到慈济台中志业园区,观摩他们的厨余屋。"

因为曾听厨余屋的志工分享,如何将厨余做成无毒的堆肥,不仅能作为植栽、作物的最佳肥料,滋养大地,而且制作过程中所化出的液体,还可畅通马桶、水管的堵塞;垃圾摇身一变,用处可多。根据"卫生署"估计,台湾一年竟能制造出五亿吨的厨余;这么多的厨余,能用心回收再利用,即能减少许多垃圾。

有次看到新闻报导,一位专家研究出如何从垃圾萃取出酒精,作为生质燃料,将来即能节省石油的耗用等,这都是用心将垃圾变成可利用的资源。其实天地万物无一不可用,物尽其用之后,再回归滋养大地;或是转化能再提供民生,对人类都有大用。

近年来粮荒问题令人担忧,倘若自然生态持续恶化,土地污染、气候失调,如此尽管工业再发达,经济再富裕,一旦土地无法生产农作,就会出现严重的粮荒。

高雄有位吴居士,初次与我见面时,我告诉他:"既然你很担心未来的粮食,是不是思考如何改良土质,以有机农耕生产干净的五谷杂粮。"不久后他告诉我,在他和他的外甥努力之下,将原本要种植牧草的一千多公顷土地改成有机农地。

环保都在举手投足间的一个心念,慈济志业的建设,努力朝环保建设的方向,如新店慈济医院设有回收热能的热泵,不但能制造冷气,还能提供每个病房温热的洗涤用水。大林慈济医院的夜间照明,则是利用白天储存的太阳能,而且设有中水回收系统^①，还利用此系统营造出一个自然生态池，院长曾带我前往参观——

　　整体环境很简单，颇具田园风光，石头堆叠、一处水洼，听院长介绍水源从何而来，如何积存于此，有什么功能等；突然间看到一只野鸭，据说它会定时带其他野鸭同来，周围还有许多蝴蝶、蜻蜓飞舞，青蛙、蝌蚪在水池悠游，都是城市难得一见的生物，能体会自然之美。

　　又如静思精舍的建筑设计，能将雨水收集到地下，使用时尽量不耗用电能，而是用手动式帮浦抽水。有次我走到精舍后，看到一支传统的汲水泵，试着按压看看，不必花费很大的力气就能让水流出；旁边还做了一个水井能汲水，无论洗涤衣物或其他用具，都能使用。虽然较为辛苦、麻烦，却能回归古代的清平生活，也能节省不少水资源。

　　缺水是国家大事，因为台湾雨量不均，尽管台风季节时会降下丰沛的雨水，却因河川、水库淤积，树林减少，土地无法含藏水分，雨水迅速地流失，让水资源亮起红灯。因此在

---

① 中水回收系统：将轻度使用过之废水汇集，经过简易净化处理，再重复使用于非饮用水上。

日常省水之余,还要尽量回收反复利用,有水时收集,没水时就能使用,疼惜水资源。

倘若能时时将环保理念放在心中,自然会表露于行动中。犹记九二一地震时许多房舍损毁,当时有人希望慈济能提供帐篷,让灾民能临时安身;因为不忍灾民感觉变成落难的难民,灵机一动,想到工地工务所采用组合屋的形式,很快就能搭建好,决定援建组合屋当作灾民的临时住屋,以及临时教室,让学生有个简单的地方安心读书。

由于组合屋社区是向人商借土地搭建,为了归还土地时能保持一片干净,因此组合屋采架高设计,地面不铺水泥,社区空地或道路则是铺设连锁砖。组合屋功成身退后,慈诚队惜物、爱物,细心拆卸,一个小螺丝都舍不得浪费,并且将每一块木板收拾得很整齐,一一加以回收,并未变成垃圾。

由于土地未铺设水泥,将连锁砖拆除后,很快地就恢复原貌还给地主,让地主能容易继续利用。拆除连锁砖时,慈济人同样一块块回收、清洗、打包,再叠整齐;何处需要这些回收的建材,就送到该处再利用,一点都不浪费。

诸如高雄县的乌林小学因校舍老旧要重建,旧教室拆除后的这段期间,学生该如何上课? 他们请慈济帮忙,慈诚队勇于承担,将台中所拆除的组合教室,运到高雄重新搭建,让莘莘学子免于中断学业,有遮风蔽雨之处能安心读书,这是第二次利用;还有三度利用——许多慈济的环保回收站,就是由这些回收的组合屋搭建而成。

在一次次珍惜使用的过程中,得见感恩、尊重与爱遍布在时间、空间,无不是人与人之间的温馨。

科技研发,环保新助力

有一年春节,许多人到静思精舍过年,精舍里到处布置了童玩、春联等,充满古早味的过年气氛;还设有环保教育站,教导大家如何做资源分类。经过时,正好看到志工在宣导铝罐、宝特瓶应如何回收,志工们告诉我:"宝特瓶不好处理,尽管我们已经整理得很干净,回收商也不大愿意收。"

听了以后心想:宝特瓶是用石油所提炼制成,与尼龙、特多龙、开司米龙等多种纺织质料的原料都相同;若能将宝特瓶回归于原料,是否能再制成帆布、环保袋?帆布也可再制成国际救灾用的帐篷。因此便说:"是不是有人能研发如何把宝特瓶回归原料?试试看能不能做一些布。"

有位中部的慈诚队员在旁听到,他说:"好,我来研究。"

相隔不到一年,他拿回宝特瓶还原再制的不织布,质地很坚固,让我对环保科技的研发大有信心。后来因为多次国际赈灾的经验,感到援助灾难所需很多,包含食、衣、住、行等,在在需要合适的物资。因此希望能多研发,减少资源消耗,以环保的方式制作营养的食物,或是保暖的衣物等;不仅当下救助苦难众生,同时为后世留下干净的土地、充足的资源。

当时先请从事纺织业的慈济人,协助引介人才,希望朝此方向投入研发。起初尝试研发居住的帐篷,所做出的帆布太重,会造成运输的负担;若布料过薄,又担心不能隔热、保暖。于是他们继续研发,一段时间后带来,所制的布较薄,使用双层构造,中间有空气,能隔热、保温,既轻巧又方便。

看到帐篷的品质做得这么好,布的质料很柔细,因此进一步提出："能不能做成毛毯？"因为除了提供灾民临时的居住之外，也可以给予御寒衣物；棉被稍嫌笨重，毛毯是春、夏、秋、冬都能使用。接着他们成功研发用一百支宝特瓶制成一条毛毯，之后愈加精密，减少消耗，所需宝特瓶愈来愈少，迄今已成功减少至六十支宝特瓶。

二〇〇四年成立的慈济国际人道援助会[1]，是奉行人道精神援助的组织，成员来自各行各业，研发各种适合的援助物资，目前研发最成功的即是宝特瓶还原再制的布料；先将宝特瓶分解碾碎成瓶片，再进行纺纱。我们将纺成的"宝特瓶纱"称为"大爱纱"，除了制成毛毯之外，还有卫生衣、裤，以及兼具防水、保暖的大衣等，都已织出成品。

研发小组对基础技术力求纯熟精练，已达七支宝特瓶能织成一件夏天的短袖 T 恤，还有冬天的毛料夹克、保暖睡袋等等，这些物资无论是冬令发放，或是任何国家地区发生灾难时，都会成为人道救援的物资。

由于宝特瓶原本即是盛装饮料所用，因此尽管是回收

---

① 慈济国际人道援助会：Tzu Chi International Humanitarian Aid Association，简称人援会 TIHAA。

的物品,织成的布很干净,经过测试也证明对人体无害。尤其慈济环保志工回收宝特瓶分类时,会细心地取下瓶盖及瓶口圆环,并一一拆除瓶上的塑胶膜,保持干净,而后清楚地依颜色分类;抽纱纺织的过程中,不必再染色增加污染,以原色所制成的布料不但色泽漂亮,质料也很柔软、舒服。

有次美国慈济人将第一批环保布料所制成的衣服,带至德州展示。当地市长及市政府的人看到后,纷纷提问:"宝特瓶回收后,真的能够变成质料这么好的布?"又说:"你们可以大量生产吗?让我们市政府的职员都能穿这种环保衣。"也曾有路透社的记者前来采访,可见我们将资源回收、节能减碳所开出的这条环保生产之路,已获得国际认同。

二〇一〇年九月加拿大举行盛大的台湾文化节,也邀请慈济参与。因逢慈济环保二十年,加拿大何居士以环保与地球为主题,向当地广为宣扬我们的环保理念。包括当地政府在内,发现慈济不仅在发生急难时,很有效率地发挥爱心付出;而且环保做得非常彻底,资源回收更上一层楼,让物归源头再利用。当地市长、议长等多位官员穿上"大爱纱"制成的衣服上台走秀,共襄盛举。

当地首长表示,慈济总是有系统且透彻地应用各项物品,为表肯定与赞扬,便将九月六日定为"慈济日",这都要感恩全球各地的慈济人。

慈济人持续研发各种环保材质,现在大理石粉、咖啡渣也能添入制作衣服的原料。咖啡粉冲泡后所剩余的咖啡渣常被当成废弃物,添入环保纱后变成"咖啡纱",有去除异味的效果。添加大理石粉的布料所制成的衣服,不仅摸起来细致,用水喷洒后还会让人感到冰凉,所以穿着这种衣服时,若是天气较为炎热,只要流一点汗就会有冰凉感。

宝特瓶回收后的良能真多,不只是冰纱,还有保暖的外套,穿着进入零下二十度的冰库,能维持两个多小时的温暖。为了让慈济志工也有合适的衣服,因此研发出有防污功效的白裤,无论沾染泥水、红土,用清水稍微冲洗就会干净;曾见过他们测试,将咖啡、酱油倒上布料,抖掉污物后再用清水搓洗,布料依旧干净,现在还要更进一步,研发能抗菌的布。

　　将回收资源多元化,制成各种优质产品,真是很奥妙;日常生活中尽量节能减碳,多用回收再制的物资,是人人对大地应有的本分事。

第四部

从环保站到修行道场

第十章
动力的泉源

二十余年前,我在台中演讲时说了一句"用鼓掌的双手做环保",两个月后,我再度行脚到台中,一位杨小姐来看我,还拿了一笔钱表明捐作建院基金;我们要开立收据给杨小姐,她却说这笔钱并非她所有,而不肯收下以她为名的收据。

相询得知,原来杨小姐听过我演讲后,觉得很有道理,因此在工厂做工之余,到居家附近,无论认识与否都挨家挨户宣导,回收报纸、废纸箱等;邻居见她如此诚恳积极,纷纷响应,让她信心倍增,回收量不少。

当时我说,这笔钱既然是汇聚大家力量所得,就以"环保"为名开立收据。在场有一群慈济人,见杨小姐点滴累积,既做环保又做善事,当下表示也能在自家附近推动。台中黎明新村率先发起,许多社区同时跟进,慈济人从此在各地社区开展环保工作;迄今全球有五千多个慈济环保站,全台超过四千五百个环保点,投入的慈济志工逾六万名。这就是蝴蝶效应,一个人小小的动作,影响却愈来愈大。

环保志工辛勤地呵护大地,我由衷地感恩,却常闻阿公、阿嬷级的年长志工说:"我们要感恩师父。"

我说:"为什么?你们冒着风吹日晒,做得那么辛苦,是我该感恩你们。"

这些老人家说:"我们身体虽累,但心很欢喜,感恩师父开辟这个环保道场,让我们修行,否则老了不知要到哪里、要做什么?"

看到慈济人殷勤做环保,以及身体力行后的那分轻安,令人欢喜;环保站不仅是回收资源、守护大地的场所,也是修行的道场,大家心定、念正,做就对了。

🖋 开启心门展活力

《无量义经》中,"静寂清澄"形容菩萨心境寂静澄澈,无论外在环境如何喧扰、污秽都不受影响;古云:"动中取静",修行并非刻意寻找幽静之处,而是身处各种环境都要心静,何况愈静的地方有时心愈浮动。

所谓修行,就是修心养性,端正行为,让身心健康。现代社会出现许多心灵病态,诸如忧郁症即是其中之一。常听到罹患忧郁症的人较少出门,长时间独自封闭,内心不断地生起忧郁妄念,自然无法安定;"预防胜于治疗",平常应先培养开阔的心胸,自爱爱人,为人群付出而无所求,这是预防心病的良方。

倘若常常出现心灵不平衡的情况,表示已有疾病征兆;罹病不要逃避,应当接受正规医学治疗。其次,透过大团体彼此互助的力量,往往有很好的效果,因此面对紧闭心门的患者,可多鼓励他:"走出去和大家做伴,说说话、动手做点事。"

看看在慈济环保站中,有不少人原本自我封闭,层层难关过不去;慈济人知道后,循循善诱,引导他投入做环保,走入环保站的环境中,所看到的无不是好人,听到的无不是好话,这分爱的观念会逐渐扩大。从孤僻、心生妄念的境界,带入有事做、有人陪伴的境界，自然降伏杂念、妄想，能做到浑然忘我——忘记有"我"的烦恼。

动手做资源分类，藉此明白自己做的事能救地球，让资源变爱心、化清流、绕全球；自觉正在发挥人生价值，生活有意义，慢慢地建立信心，自然做得开心，进而开启心门，走出忧郁。即使现实生活不顺遂，难免浮现忧郁情绪，至少会自我警觉：我是慈济志工，不能做傻事。及时压制不好的心念。

佛陀教育我们"心、佛、众生三无差别"，众生与佛的觉性、智慧平等，因为凡夫心被无明遮盖，变得贫乏、黑暗，如同处于心灵地狱，迷在山中找不到出路，那一分惶恐畏惧，自我折磨，以为人生一片黑暗，追根究柢其实是心灵黑暗。

人人都有一分心灵的智慧，不要轻视自己的力量，应转心贫为心富——外在的物资再多，总有消尽的一天；然而只要心灵富有大爱，即是源源不绝、无穷无尽。自己的一言一行都不要轻视，说话要多说好话，行动要多做好事，能带动人人走往正向，引导大家走对的路，就是大地与人生的贵人。

有次行脚到高雄的喜舍环保站,看到环境整洁,地上铺满白石,花草青绿;一眼望去,尽管地方不大,道气却很浓厚。他们很会利用空间,当时有人送来一些高丽菜,他们将菜洗净后,利用空地晒高丽菜干。大家在这个环境中,互相勉励,真是名副其实的"喜舍"——舍除一切烦恼,入法欢喜。

　　环保站中有位阿静师姊,双眼因后天因素而失明,据悉当初刚失明时,时常猜疑丈夫有外遇,夫妻常有口角发生;即使再有耐心的丈夫,也经不起妻子天天吵闹、怀疑,阿静愈来愈没有自信,也因此罹患忧郁症。一天她随意按电视频道,转到大爱台时,恰好听到我在说话,她能将道理听入心,于是投入环保志工的行列。

　　阿静师姊用心做环保,不论何种物品,到她手中都能灵巧地摸出材质为何、如何拆解,而且拆得很仔细。当我看到她时,她正随手拿起一支羽毛球拍,我问:"这有什么好拆的?"

　　"有,除了缠绕把手的部分是塑胶类之外,其余材质还有木头、钢丝、小螺丝。"她边说边拆。

我拿起端详,真是木料,里面还有一根金属,就说:"奇怪,你怎么会知道?"

她说:"摸久就知道了。"

"我怎么没看到有螺丝?"她摸一摸就找到了。

我又问:"这么小,你怎么拆?"

她说:"用摸的,摸到就拿电钻钻下去。"

我说:"这么小一颗,你用电钻,不会伤到手吗?"

"会,开始的时候常常被电钻钻到,敲铁罐时敲到手也很痛,还破皮、流血。"

我说:"你要小心一点。"

她说:"好,我努力做不是拼业绩,是拼心静。"

阿静师姊不想让心有空闲,以免胡思乱想让烦恼乘虚而入,因此集中精神静下心,不断地工作,久了自然找出自我的工作法则而发挥良能。虽然双眼无法看到外在的境界,但是内心这面镜子磨久了,自然明朗、清净。

"心宽不伤人,念纯不伤己",如今阿静师姊放宽心,相信丈夫,不会动辄吵闹,所以不伤己也不伤人;她开启了心眼,悟出如何时时自度,还要度他人,让生活过得有意义。

有位邱居士一生坎坷，从小家境不好，结婚生子后仍未脱离穷困的环境。邱居士育有五名儿女，大儿子由于幼年发烧打错针的意外，瘫痪在床；小儿子早产，在保温箱里照顾而花费了一笔医疗费用；同年太太发现罹患鼻咽癌，家庭生活因此陷入困境。邱居士不得不辞去工作，专心照顾太太、孩子，生活所需则依靠外来的帮助，不久慈济人接到通报，开始关怀、协助，迄今十余年。

难得的是，邱居士对于困窘的境遇无怨无悔；只是面对家人的病痛，内心充满不舍。慈济人不忍邱居士整天在家忧苦，邀他带着家人出来做环保，他渐渐地开启心门，太太也跟着走出家门。有人问他们："你们捡拾的回收物，为什么不自己变卖补贴家用？"

邱居士回答："不可以，做环保是为了要救地球，而且慈济帮助我们很多，若是捐给慈济，能救世界上比我们更苦的人，我们也能帮助人。"多有智慧。

生活难免遭遇不如意的事，平常应培养健康乐观的心。有时听人说："我好难过。"难过，就是心过不去而感到时间漫长；反之，快乐时则觉得时间过得很快。所以只要内心健康,尽管身体有病痛,也能知道是人生的自然法则,不怨天尤人,"痛快"度日——快快乐乐地度过每一天、每一秒,时时抱着感恩与尊重生命的心。

当然,平常要将身体照顾好,才能与人相互陪伴、关怀;即使是病中,也会感受到生机,提高生存的勇气。

有次到内湖环保站,一位慈济委员向我介绍:"某人身体有病,做环保做到病好了,大家都很感恩。"原来有位环保志工原本罹患重病,医师告知生命所剩时日不多,他勤奋做环保至不知日月,忘却生命大限将至;过了一年多再到医院检查,医师对检查结果深表惊讶:"你吃了什么药? 怎么病都没了?"

这是做环保做到跳脱自己,超越病痛。还有一位阿嬷从驼背做到能站直身躯,我说:"怎么可能?"只见这位阿嬷亲自现身说法,在我面前,当场弯腰、挺直,行动丝毫无碍;并表示以前驼背站不直,愈老身体愈弯,医师都检查不出原因。

我问:"为什么现在能站得这么直?"

"我也不知道,就一直做环保,做到背挺直起来了。"很不可思议。

　　其实每个人都有无限量的潜能,只待开发。曾听医师分享,人体内有许多尚未开启细胞核的细胞,只要开启,就能发挥它的功能、效用。人人都有用不完的健康细胞,若不用反而会衰退,所以我们要努力付出,做到彼此和气,互相关心,以身作则带动风气;如此即使是原本袖手旁观的人,也会受到感动而一起投入。

　　在四川汉旺慈济环保站,场地宽广,回收的资源也多。有位回收商每周都会开车前来收购资源,刚来的那阵子,总是站在一旁观看;来过几次后,愈站愈近,偶尔也会出力帮忙;到后来已完全投入,还会协助分类、搬运。

　　他表示,起初看到大家欢喜做环保而感到好奇,直到自己出力的当下,才明白为何大家都做得这么高兴,因为人人彼此赞叹:"你很了不起,你很好。""我们做环保是在关怀大地、呵护大地。"他觉得自己才出一点力,能得到许多关怀,气氛和气、欢喜,不由自己就投入环保行列。

　　众生共业,人人若是内心执著,心门紧闭,彼此有成见,则好事不能和合,就无法共福业。净世需要先净化人心,鼓励大家开阔心胸,包容一切,不要只执于个人观念,需知好事不是为自己做,是为天下人做;世间多一个好人,净世就多一分力量。

不分老幼都是宝

有一次我路经新竹,临时决定绕道慈济环保站,看见慈济人平常做环保的景况,一大群人正做得投入;厨房有不少人在准备香積,气氛热闹,我问:"你们在做什么?"

他们说:"准备午餐让大家用。"当下感觉环保站就像一个大家庭。

许多老人家一早到环保站,志工们会招呼:"阿嬷,您吃饱了吗?"

"还没。"

"来,赶紧趁热吃。"早上有热食,中午也为大家准备餐食;环保站真是社区道场,能让老者安之、少者怀之。

在高雄有一群志工阿嬷,来自不同社区,彼此以姊妹相称,相约在环保站——有人骑脚踏车,有的步行,还有拉着拖板车沿路捡拾资源，无所不有。以她们的年龄而言，从小到老为家庭、社会、子女，不知开创多少家业、事业，培育多少儿女成就社会；如今老而不退、不休，仍为这一片大地付出。

尽管她们年事已高，仍用心照顾仪表，头发梳理整齐，衣服洁净不邋遢，多么亮丽的银发族。阿嬷们有志一同——爱护大地，疼惜社区卫生；环保从自己身上开始，整齐俐落，并且投入环保站，将回收物一一分类整齐。外在环境井井有条，身上也能看到整齐，这就是环保人文。

大爱台的同仁曾前往南港，采访一位年逾九十的詹阿嬷，问她："阿嬷，身体好吗？"

她说："我都没有吃过药，也没有看过医生。"

"您怎么那么健康？"

她说："我也不知道。"

其实詹阿嬷坎坷一辈子，从小就要做工；结婚后先生又往生得早，一个女人做小工扶养六个孩子长大，可想象有多么辛苦。

詹阿嬷有个特色，很照顾自己的形象，从年轻就喜欢穿旗袍,迄今即使做粗活、做环保也穿着整齐的旗袍。阿嬷身体健壮,身形挺直,不论是蹲着折报纸、弯下腰捡罐子、用脚踩扁宝特瓶,或是手推载满资源的推车等,动作都很俐落。

詹阿嬷说:"做人就是要'做',有人病死,没有做死的。"她勤做环保当运动,一生勤俭,生活简单知足,心有正念,常保欢喜没烦恼,因此身心健康又长寿,这就是养生之道。人生的宝贵在于能造福,没有人能预知生命的长短,不过用心利益人群,就能让生命开阔、深广。

在慈济的环保站,有浓浓的伦理传统,真是做到"家有一老,如有一宝",对于环保站里的老人家,时时关怀、经常探视、问候是否一切平安、健康? 爱的互动很温馨。

板桥环保站有位林阿嬷,投入环保近二十年,已高龄九十多,每天都到环保站,深受大家的关心;只要一日不来,志工即刻会前往关心林阿嬷,流露一分敬爱与孝顺的精神。当地一位师姊分享,环保站刚成立时,他们到各处搬运回收物,不是用脚踏车、机车载,就是人力手提肩扛,很辛苦。

林阿嬷看了不舍,告诉她们:"可以买一辆车,开车运载比较轻松。"

"可是要花钱。"

阿嬷说："没关系,大家来劝募。"阿嬷带头为环保站劝募了一辆车,不但为善不落人后,还说："我若有钱要用在做好事,不要用在我自己吃药。"发好愿,做好事,即使年纪大了仍身心健康。

环保站如道场,每一处都有许多美善人生的故事。有对姊妹,母亲不知为何身体状况愈来愈差,记忆逐渐消退,后来连自理生活起居的能力都丧失。父亲很担心,赶紧让姊妹俩带母亲到医院检查,医师表示是老人失智症的征兆,于是她们决定将母亲带进环保站,多与人群互动。

起初母亲不大想去,她们软硬兼施,总算将母亲带到环保站。母亲到了环保站后,愈做愈欢喜;原本不说话,过往的事也都遗忘,慢慢地与人互动,愈说愈多。之后还能现身说法,与人谈起投入环保的因缘:"本来不想去,女儿硬要带我去,开始时很生气,不过做了以后很欢喜,现在还会做到不想回家。"再三强调她的感恩及欢喜,看不出罹患老人失智症。

环保站在社区发挥很大的良能,护大地也爱人类。曾在环保站看到一位老母亲,带着一对三四十岁的儿女一起做分类;这位老母亲共有五个孩子,大儿子与小女儿精神异常,其他的子女都已结婚,母亲就带着这两个孩子到环保站。

她的儿子个性活泼,看到我立刻站起来表达他很会做环保,女儿则显得沉默文静,同样的是他们跟随着母亲静静地拆解录音带,细腻地连小小的螺丝也一一拆下分类。难以想象若没有社区环保站,这位母亲该如何照顾这对个性迥异的儿女?

这些年长或年少的环保志工,无不是现身教育,让周围的人能从他们身上学习大地与人生的道理。有位阿公常常带着小孙子到环保站,我问这个小朋友:"你每天都来吗?"

"每天来,还会带同学来。"这是小小的人间菩萨,也能"同学度"——度与他同龄的孩子,带他们一起到环保站,了解如何惜福。

儿童的心灵很单纯、清净,这时应让他懂得做人要克己、克勤、克俭、克难;否则一旦沾染不好的习气,不懂得惜福,将来如何造福? 若能在孩子的心地种下惜福的因,将来自然会造福。

在马来西亚的大爱幼儿园,老师常用活泼的方式教导小朋友环保观念。诸如为了引导大家疼惜水资源,首先让小朋友自己用桶子挑水,水很重,小朋友说:"压得肩膀好痛。"因此特别珍惜自己辛苦得来的水;还让孩子一天限用一盆水,在如厕后、吃点心前都要洗手,他们会一勺一勺小心地舀水洗手,洗过手的水又拿去浇灌花草,点滴不浪费,在操作中自然学会惜水、省水。

老师还带小朋友到环保站实际参与资源分类,藉此教育温室效应加剧的严重影响,做环保才能保护地球。老师很有技巧,从一滴水、一张纸,说到气候不调及地质变化等,小朋友能将环保的道理听入心。有次老师带小朋友到老人院,为长者表演手语歌,老师问:"我们请巴士载我们去,好不好?"

小朋友都说:"不好。"

"那要怎么去?"

"我们走路去。"

"为什么?"

"因为汽车有二氧化碳,会污染空气,还要花油钱。"

从小经常接触慈济的环保理念与爱的带动,相信是很好的基本教育。花莲有位十一岁的杜小弟喜欢沿路捡拾资源做回收,他的心愿是将来要当"环保警察",做一个能救地球的人。杜小弟很殷勤,常到环保站,问他:"你的同学都去玩,你怎么不去?"

他说:"我做环保就是在玩。"多会把握时间。同时他很虔诚,上教堂时,会祈祷天下无灾难。

我们不能轻视幼童或长者,若大家能学习他们惜福爱物的精神,为环保付出一分力量,就能减缓地球所面临的危机;无论男女老幼,每个人的力量都很重要。

回顾慈济环保志业启动之初,板桥有位陈师姊,尽管她是上班族,仍利用时间身体力行,并鼓励她的朋友一起做回收;由几位女众开始推动,如今当地约有三分之一的邻里推动环保,据悉已有一百个环保点在做回收。

慈济人惜物命、爱土地,把握时间不空过,尽管假日也要尽一分力量做环保,年节时环保站依然热闹不打烊;有的子孙回家看望长辈,阿公、阿嬷就将儿孙带到环保站,三代、四代同堂做环保,老人家说:"这就是教育,要让年轻人更知福、惜福。"

有位环保志工江阿公的儿子,心疼老父亲这么辛劳,说:"过年了,就休息一下。"

江阿公回答:"你知道我还能做多久? 你能告诉我,我就休息。"的确,没有人知道生命还有多久,能视环保站为道场,就是在修行。

老人家如此殷勤,中年人也不落人后。许多人不愿过年只是在麻将桌上虚度,转一个心念,在环保站里帮忙分类,也是在过年;还有幼童、少年,大年初一就到环保站,问他:"为什么过年要来做环保?"

他回答:"因为在家里光是看电视、打电脑太无聊,到环保站可以看到那么多的师姑、师伯,好热闹。"

全家一起做环保,将时间用在有意义的地方,不但疼惜大地、爱惜物命,还能共享天伦之乐,一举数得。慈济人在生活中力行减碳,带动社区民众精进,年节假日还是要造福,无不是精进道场。

第十一章
社区的教育中心

　　慈济的环保站都是由慈济人随缘成立,地方大小各不相同,然而共同的感觉就像走入"菩萨瓮",每一处都有许多人集合一起分类;回收物中虽有许多果汁、饮料的纸盒等,却未闻到异味,收拾得很干净、整齐。即使是小空间,环保志工也能发挥大效率;重要的是,大家都做得很欢喜。

　　尤其看到许多老人家投入环保一二十年,做得身体健康、耳聪目明,尽管拿着电钻卸螺丝,也不必戴老花眼镜,动作敏捷。二十年来,已逾六万人领有慈济环保志工证[①],表示有许多人不仅为地球资源而做,还要改变自己;因为受证

---

① 做环保满一年且能遵守"慈济十戒",即可申请志工证。

必须做到"三好三不"——口说好话、身行好事、心想好意；不抽烟、不喝酒、不赌博。

环保站可说是道场，在社区便能共修，除了学环保知识以外，同时学习做好人，用好心做好事，教育他人的心，做地球与人生的贵人。环保站里许多老人家看来就像一尊一尊的菩萨，每一位都很有智慧，很有富贵相——并非钱财富贵，而是富有爱心。

常听环保志工说："以前怨天、怨地、怨父母，走进慈济后，全都变成感恩。"可见环保站即是道场，能令人觉悟许多道理，让人人法喜充满。

学人生管理

每逢周末、假日，大家欢喜享受假期，不少人选择游山玩水，结果往往造成交通壅塞，甚至时常发生意外事故。因此医疗、消防、警察、交通等单位，有许多人不能放假，必须留守以守护众人平安；一旦有状况发生，需要即刻动员。

当大家在度假时，还有一种人没有放假——慈济人，无论是投入环保、医院志工、社区访视等，无不守护每个岗位；愈是在他人放假、休息时，慈济人愈是忙碌，珍惜时间，分秒不空过。诸如慈济环保志工日日在环保站勤分类，做到全年无休，连除夕时他人问："你还不回家？不用准备围炉？"

环保志工说："今天吗？原来今天要围炉。"

这群环保志工已经做到"忘我"——忘记自己的时间，心中只有环保的法。尤其在过年期间，家家户户大扫除，清出许多垃圾；或是除旧布新，新添家具的同时，丢弃包装的纸箱及淘汰不用的物品等，所以年节时的回收量常增加十倍以上。环保志工疼惜大地与资源，尽管是假期，仍然没有停歇，积极把握时间，不断地用心在环保，这叫做志业。

把握时间，是慈济志工的理念，放诸四海皆准。在美国北加州，有许多高科技产业公司以及报社集中于一处区域，每天有大量纸类、电脑器材等物资可回收；在当地慈济人用心推动环保之下，目前有三十余处环保点，逾二百位环保志工投入。

当地有家颇具规模的电子科技公司，副总经理是慈济人，平常在公司带动同仁做环保，并邀请慈济志工走入园区,以宣导的方式鼓励大家投入。每周五下午员工有段休闲时间,过去员工多半选择游泳、打球等,度过这两个小时;如今已带动起不少人,愿意在休闲时间投入做环保,为地球付出一分力量,让生命变得扎实。

在台湾,愈来愈多环保志工把握"时间、空间、人与人之间"用心做环保,充分利用时间,分秒不空过,这是时间环保;空间没有界限,任何地方的人都要重视环保议题,因为环保与天地大环境的关系非常紧密,这是空间环保;大地是人类所污染,每个人都责无旁贷,应努力减少污染,节省资源。

每次看到环保志工的付出,真令人感动又感恩;如台北信义区有位年逾七十的高阿嬷,在寸土寸金的都会精华区,很难找到土地做环保站,她没有定点可做,仍不放弃,利用晚间在自家路边做起回收分类,抢时间做好分类后,马上载运走回收物,恢复原貌,不让邻居起反感,甚至有邻居觉得她一人做力量太单薄,就纷纷来帮忙,影响多位邻居成为志同道合的好伙伴,这都是人与人之间"合心、和气、互爱、协力"的互动。

高阿嬷对于环保真的是心中有佛,行中有法,法不离身。她患有关节炎,平常寸步难行,也不易提重物,做起环保却很精进,丝毫不受病痛影响。她听到有人要淘汰物品,可以从四楼背一部电视机下楼。虽然很累、很喘,但是很欢喜,自己都佩服自己:怎么有力量搬得下来? 她就是如此有毅力、勇气。

常有环保志工告诉我:"因为有环保站,我的身体现在健康多了。"

我问:"为什么?"

"因为一早能到环保站做分类,我就不会睡得太晚;而且在环保站说好话、听好话,身体做好事,欢喜自在,身体自然健康多了。"

时下许多年轻人常日夜颠倒,对身体有所损害;尽管年纪较大的人会说:"我年纪大了,要早点休息。"不过因为较早起床,使用的时间不比年轻人少。重要的是能顺应自然,晚上该休息时休息,白天勤奋工作,这就是善用时间。

🍃 学生活艺术

慈济志工经常发挥巧思智慧,每每举办展览或宣导活动时,大部分的布置品都是利用环保回收的资源所制成。许多环保志工表示,原本是门外汉,因为投入协助布展,无形中启发了智慧;过程中会合众人的巧思、力量,像是有人专长做木工、喷漆等,合作将回收的废弃物变成艺术品展示,成品各有特色,而且实用。

此外,环保站中的瓶瓶罐罐还能化身成为应节的艺术品。诸如年节期间到处张灯结彩,环保志工集思广益,运用回收物做成各种动物造型的花灯;大家仔细地用回收的塑料绳做出架构、形状,以废弃光碟片装饰,装上灯就成了亮丽的各式环保花灯。这就是应节气,发挥创意美化环境;尤其是大家做得欢喜,彼此脑力激荡,也能凝聚团结合作的情感。

慈济环保志工费尽心思,平常收回的废弃物经过他们的工巧手艺,就会变成美观的艺术品,让大家知道——丢弃不要的物质都还能再利用。又如在市场常见捆货、捆箱的塑胶绳,许多人剪开就丢弃变成垃圾,有些志工会每天前往定点收集,清洗干净后,较长的编制成坚固耐用的菜篮,短小的则制为笔筒等用品;有时还会编成玩具,访贫时送给小朋友。

曾见过一位"菜粽伯",他的手很巧,就地取来竹子,随手一削就成为烹饪用的锅铲,也有吃点心用的小竹叉等,大小不同的竹制品。也有环保志工将捡回的旧物巧手改装,别具特色;有一次我在环保站,随手拿起一件收纳小物的艺术品,正觉得很有创意,一旁的志工说:"这是被丢弃的破旧牛仔裤经过加工改造而成。"

可见只要爱惜物命,多用一点心,即使是破铜烂铁、已经要丢弃的垃圾,对环保志工而言都是宝。世间没有无用的物品,直接丢掉变为废弃物真的很可惜,还有延长物命的机会,运用脑筋就能妥善整理,惜福再利用;即使已经不能利用的,也能分类回收再制,将变卖所得用来做好事。

有一家工厂生产不锈钢原料,经常会有卷物料的厚纸筒,物料用毕就将纸筒捐给我们回收。慈济志工见纸筒材质很坚固,可加以运用;正巧当时要办一个回顾展,现场需要桌椅,还有布展所需的架子。因此志工们将纸筒锯成高低不一,上面铺一块木板,再稍作装饰,呈现别具风味的格调;难以想象原本要弃之为垃圾,一转念竟成了兼具实用与美感的艺术品。

慈济人不仅展现这分生活中的艺术,也将人文融入生活中;有位蔡师姊古筝造诣很好,一般认为弹古筝的手一定保护得很细嫩、指甲修长,然而她这双手却是做环保的手。

一九九〇年,蔡师姊听到"慈济世界"广播节目,心生欢喜之余,也向往那分爱的传递,于是发心立愿付诸行动——主动参加慈济会员,积极协助劝募,一步步走入慈济的行列。

从她投入环保开始,就带着当时小学三年级的小儿子一起做环保;大儿子也会帮忙母亲挑菜、削红萝卜、做生意。孩子年幼时,母亲就教导他们要孝顺、懂道理,以及克勤克俭、环保观念,如今小儿子长大要结婚,蔡师姊征得新人的同意,并获得亲家的支持,婚礼从简,并未设筵席,仅依习俗做了数十份喜饼订亲,邀请一些至亲好友参加婚礼。

结婚当天,新郎郑重地邀请朋友们当伴郎,浩浩荡荡地前往新娘家迎娶。伴郎们穿着为婚礼特别订做的新西装,唯有新郎穿着惜福的旧西装;欢喜迎娶后,新郎牵着身着白纱的新娘,偕同这些好友们前往环保场做环保。

这场环保婚礼在简约中不失庄重——婆婆弹奏古筝祝贺新人，还有慈济委员们的陪伴，以及环保站里众多纯真有福的人间菩萨为他们祝福，真是别出心裁又深具环保意义的婚礼。

这对新人真有福，结婚的礼数未减，花费却不多，又能展现"克己复礼"的精神，带动年轻人行善；虽然一切从简，但是令人留下永难忘怀的回忆。

🍃 增广知识与见闻

近年来各国学者纷纷提出研究报告，发现地球面临气候危机；减缓危机的唯一方法，即是世人皆能提升环保观念。

环保是一门大学问，内含许多深奥的道理，环保站犹如社区大学——从幼教、小学、中学乃至长青学，不分年龄都可投入环保志工的行列，包含七岁到九十余岁各年龄层的人，大家伸出双手做环保，分类分得很精细。

慈济有许多环保教育站，不仅做资源分类回收，也教育大家环保观念。常有各级学校或是机关团体前往参访，无论面对的是大学生、中学生，或是小学、幼稚园的小朋友，环保志工都能侃侃而谈，为他们上一堂环保课——如何爱护地球，做环保对大地有什么帮助？或是资源应如何分类，才能提升再利用的价值等。

慈济人的分享深入浅出，让幼教的孩子听得懂，回家说给父母听；让小学年龄的孩子做得到，带动其他同学；大专院校的学生也能感受环保道理之深，与人人关系密切。而且老师、教授在旁聆听，将志工所解说的环保道理及方法，带回落实校园，师生们都能在日常生活中惜福、做环保等，全都是教育，可说环保志工是"地球的教授"。

除了许多年长志工做得很认真，感觉慈济环保站很有道气之外，也经常可见清秀的读书人，询问才知不少是大学生、硕士，还有博士生。原来是老师介绍，希望让他们发现环保不只是学到物理——大地一切物资的微细道理；重要的是人文。

许多阿公、阿嬷级的长者，像是疼惜孙儿般教导人生智慧；还有父母级的壮年志工，如同对待亲儿般地培育；也有许多年轻人,待人如自己的兄弟姊妹,如此宛若一个家庭爱的互动。相信吸引这些读书人前来环保站的理由,就是这分温馨的人文气息。

慈济环保站蕴含深刻的环保教育与人文,培育不少人才。曾听许多教授说:"慈济人很有学问,老人家也有办法讲'环保经',连垃圾都有'经'可说。"经者,道也;道者,路也。慈济志工踏实做环保,不仅做得"法喜充满",也是"深入经藏",所以不要小看环保站的阿公、阿嬷或婆婆、妈妈,他们的经验与智慧令人敬佩,传承环保大学问。

环保站中有各式各样人们所丢弃的物品,其实每一件废弃物都有回收再利用的价值;此价值来自于天地万物的"理"——碗、筷子、宝特瓶、纸张等,大地物资各有其道理,生活中的每一项物资,都是经过许多人的心力会合而成就。

诸如之前提到,以回收宝特瓶重制成品质良好的毛毯,发挥在国际人道救援,让灾民获得温暖,都是大家用心、用手做环保所发挥的力量,这分善念能普及天下。

慈济人因震灾因缘走入海地,看到当地民众不大重视环境卫生,随手将垃圾丢在排水沟或随处焚烧,污染空气也容易出现淹水灾情。当地生活普遍贫穷,灾后慈善机构常给予塑胶布遮风蔽雨,用久破损成为垃圾又丢入河沟、溪渠,造成恶性循环。

慈济人与灾民互动的同时,会带动环保教育,让他们知道垃圾应如何分类,回收以后都是宝,还解说发放的环保毛毯由来。大家听后很惊讶——当地随处可见的宝特瓶竟能变成一件暖和、柔软的毯子,从此知道如何做环保;尤其是孩子们,回家会对父母说:"垃圾不要乱丢,宝特瓶要好好地珍惜。"

慈济的环保志工,将环保科学观推向国际,让许多国家叹为观止,纷纷响应做环保。四川因汶川大地震与慈济结缘,如今也涌现一群环保志工,与我们的心念会合。原本政府所建的许多临时板房屋,已经陆续拆撤;志工们如蚂蚁雄兵般汇聚,回收板房屋的建材,拼装搭建成环保站。

慈济人持续用心、用爱付出与陪伴,带动不少当地人,自我改变,戒除赌博习性,将时间还给家人,共享温馨的家庭时光;同时发挥双手良能殷勤做环保,为大地、人群而付出,这也是回收时间,加以善用不浪费。

令人赞叹的是,一群爷爷、奶奶,还有婆婆、妈妈,为了启发年轻学子爱护地球的一念心,走入校园教育下一代,转身一变当老师;不但清楚解说环保道理,还能寓教于乐,用话剧的方式引发学生的兴趣,带动他们身体力行。他们都是最好的老师,将时间应用在为大地付出、为下一代立典范,是真正的身教。

洛水小学的校长认为环保是很好的教育,由于学校距离洛水环保站不远,校长及老师就带着一大群学生,浩浩荡荡地步行至环保站上课。校长还发心立愿,未来的五年、十年,相信各地的教育单位都会来参访,了解教育的方法。未来的希望在孩子,孩子的希望在教育,教育必定要老师、家长、学生共同一心。

曾见有学校的师长,由于部分学生不易受教,常常犯错被记过,于是想到一个方法,让这些学生做环保抵消记过。其实我认为可以多用鼓励的方式,让学生透过做环保学习惜福、勤俭的观念;家长若听到孩子说:"我们今天去做环保。""好乖,有什么收获?"多赞叹他,教他懂得殷勤。在环保站,我们的环保志工会慢慢地说道理给学生听,学生接受后自然会在生活中改变。

现在网络便捷,有许多环保站、联络处、分支会运用视讯连线,每天参与静思精舍与慈济医院,还有教育、人文等志业体的志工早会,有医院院长、医师、护士、志工真诚的分享,等于是一种卫教——医师会提起有何种疾病,经过治疗后会如何恢复;以及要如何保护健康,才能减少病痛,每一天都有很真实的报告。

还有志工分享真实的人生故事,让我们见苦知福,听闻许多法。在环保站不仅双手能做有形的环保,内心还能受无形的清流洗涤——自我净化之余,也能净化他人、净化地球。

环保观念多么重要,环保志工拯救地球,让全民平安生活,功德说之不尽,在在令人敬佩!

增进家庭情感

有次路经北部一处环保站,看到一群环保志工正在细心地做分类,其中有祖孙三代人一同做环保;还看到一位智能较为不足的先生,我问他:"你怎么来的?"

他说:"骑脚踏车。"

"住多远?每次要骑多久?"

旁边的人回答:"三四十分钟。因为哥哥带他来很多次,现在自己会来了,每天都很准时。"

又问大家:"做得欢喜吗?"

"欢喜才会来。"慈济人将环保志工带动得如同一家人,看大家笑容满面,的确是做得很欢喜。

常看到有夫妻档、父子档、母女档,还有全家出动做环保,一家人和乐融融。有一对学历很高的夫妻,看到大爱台"草根菩提"节目,深受感动,认为做环保很有意义;夫妻俩不但相约做环保,还邀请认识的教授、老师,以及曾在公家单位任职的高级主管,都投入环保站。

在环保站还常见有人在做环保的过程中,改变以往不良习气,带来家庭幸福;如在"草根菩提"节目中,常有太太会说:"以前先生开口就要骂人,动辄还要打人;现在做环保,环保站里的师兄、师姊会讲道理给他听,人变得温柔,还会帮我洗碗、洗衣。"

原本吵闹不休的家庭，经过调和之后，气氛变得温馨。而且环保志工会鼓励大家，对家人表达出深埋内心的爱；不只是夫妻，亲子之间也应如此。有的父亲很严格，认为：为什么要向自己的孩子说好话？孩子则会说："爸爸开口就要骂人，所以我都离得远远的，不和他讲话。"父子一起做环保之后，向大家学习到"行孝、行善不能等"，彼此珍惜这一分亲缘，相处变得融洽。

　　有些人过去的人生颠倒迷茫，走入环保道场后，自我调正人生方向。有位卓先生年轻时过得懵懂荒唐，曾身陷囹圄，后来受到慈济人感化，走入环保站，从此大为改变。如今卓先生对母亲恭敬孝顺，每天回家先喊一声"妈妈"，并且倒茶给母亲喝；要出门也会说："妈妈，我要去做环保了。"

　　卓先生醒悟人生过往的错误，努力改过弥补；平常就背一只袋子，沿街用长夹捡拾垃圾，勤做环保，为社会付出，连原本已经放弃他的兄弟姊妹都表示肯定，他说："我的兄弟都很支持，提供土地要给我做环保。"看到及时重新再来的人生，不必等到下辈子，昨天的过错今日改，即是重新做人。

环保站除了是心灵加油站之外，也是社区的轻安居[①]，儿孙上班前，先载长辈到环保站，白天在环保站里发挥良能，还有许多志同道合的伙伴相陪伴；儿孙下班时，再接回家共享天伦，多温馨。也有的长者自行前往，如中和环保站有位阿嬷，每天都要搭乘火车再换搭公车才能到达，路程虽然遥远，但是她从不缺席，做得身心健康、自在。

这些阿公、阿嬷不仅做环保，有的环保站会利用空间天天播放"人间菩提"、"草根菩提"等节目，或是安排许多社会教育课程，供大家学习等；尽管有些老人家不识字，却能透过学习手语歌，比出每一句歌词，双手能武、能文，真是不容易，尤其透过身体力行，让生命变得扎实。

---

① 花莲慈济医学中心为了减轻家属照护负担与压力，满足老年长辈的需求，提供日间留院，利用复健、团康、读报、认知训练、怀旧及音乐疗法等等，维持长辈现有身体功能及记忆功能，称为轻安居。

第十二章
修心道场与人文清流

环保站是心灵的妙道场，外能拯救地球，内能净化人心。净化的源头，应先从无形的人心做起，启动无形的力量，有形的环保自然做得好。透过环保修行，虽然名为"方便法门"，实为开阔的修行道场。慈济环保志业不只带动出尽心力付出的志工，也透过美善环境的引导，清流法水的洗涤，净化大家内心的无明，将不好的习气一分一毫地消除。

环保志工除了对万物来源道理的了解之外，还能开启心门、放下身段，否则谁愿意投入繁杂的资源回收与分类？环保站真是锻炼身心的好道场。

现今环保需要全世界动起来，我们在台湾做的只是一种带动；也许有人会觉得：身在台湾，哪有办法影响其他地区一起做？其实可以经由大爱台的传播,有句话"垃圾变黄金,黄金变爱心,爱心化清流,清流绕全球"。

慈济环保志工将回收所得护持大爱台的运作,而大爱台将环保讯息送到世界各地,宣扬环保人人都能做,家家户户可以做,并且传播环保典范,也等于是在弘法——将做环保的好方法、大家的身形行仪、慈济人文的优美等,透过画面感动他人,带动起环保风气,这就是清流绕全球。

戒除不良习气

曾见一对年幼的兄妹在环保站做分类,做一段时间后,小弟弟告诉大家:"我再也不喝饮料了,因为喝饮料会制造垃圾,污染地球。"大家听了纷纷赞叹他;然而过了一段时间后,再问他:"还要不要喝饮料?"

他略微迟疑地回答:"我不知道。"

改问他妹妹:"妹妹,给你饮料喝要不要?"

"要。"

孩子很纯真,当他知道眼前回收的瓶瓶罐罐都是饮料的包装，也知道制造过程会产生污染，而且丢弃后不能自然腐化，造成垃圾问题，就会发好愿不再喝饮料；一旦受到周遭的诱惑，意志力就会动摇。

一般人也是如此，尽管"人之初，性本善"，人人都有纯净的本性，然而后天环境会诱使人转变真纯的心念，思路便会"差之毫厘，失之千里"；或是虽然知道如何做才正确，也能发心立愿，但是难以坚持守志。所以需要时常处在好环境中，有好的因缘不断地启发善念，自然渐离诱惑，回归一念清净。

有位程老太太曾沉迷签赌十七年，最盛时，半夜到坟场求明牌，被狗追都不怕；因财迷心窍而迷失自我，令人难以想象。当她执迷赌博时，不仅家人困扰，左邻右舍、亲戚朋友都敬而远之；其实程老太太自己也很苦恼，在迷中无法自拔，原本安分守己的家庭主妇，只因一念受诱惑，便难以回头。

有次媳妇看到大爱台报导慈济投入救灾工作，主动致电慈济分会了解，并请人到家中收善款。一天程老太太赌输，身上只剩五百元，回家刚好看到慈济师兄前来，心想：我若布施,能否得到明牌? 赶紧捐出所剩的钱,这是赌徒的迷思。一个月后,师兄再度拜访,这次她的心情不同,不客气地说:"我们不是有钱人,你别再来骗钱。"

师兄知道老太太有所误会,因此翻开随身携带的《慈济月刊》,与她分享内容。月刊有援助南非的照片,程老太太虽然不识字,但是看到照片中的饥童很不忍;同时想起自己的女儿因车祸往生,留下四个幼子已经很令人心酸,何况那些贫穷的孩子连饭都没得吃,油然心生善念。之后媳妇经常读诵《慈济月刊》里的"静思语"给程老太太听,她觉得有道理;恰好她接受到我鼓励人人做环保的讯息,她想:我也能用赌博的双手做环保。心念一转,即投入做环保,然而当时尚未完全戒赌;直到二〇〇三年,有次听到我说:"要好好地把握人生使用权。"一语契合,她下定决心戒赌,结束十七年的赌博史,从此转变人生,分秒不空过、时时做环保。

起初家人不相信她能专心做慈济,儿子还怀疑地质问她:"是不是赌输,想拾荒变卖赚赌本?"后来常见慈济人邀约做环保,儿孙们才相信;不但家人都支持,还整理家中一角作为环保站,全家也一起做环保。可见人生只要愿意改变不怕迟,能付出就能开启智慧、造福人群。

慈济在汶川大地震后,除了急难救助之外,并持续陪伴四川当地乡亲;当居民生活逐渐安定,便辅导落实环保,资源回收、节能减碳,减少资源的浪费。当地民众自从投入做志工,常参加读书会,了解"慈济十戒",以及"佛法生活化,菩萨人间化":人人都能成为人间菩萨——帮助他人的人,从此改正生活习气。

有位当地志工说:"做慈济很开心,到环保站分类很欢喜,因为知道宝特瓶回收能制成毛毯,都是做好事救人,还能保护大地。"为了投入更多时间,他发愿戒赌。慈济人知道他说到做到,鼓励他:"要不要再发个愿? 不抽烟、不喝酒。"

他说:"这个难。"

不过旁人纷纷鼓励他,他经不起大家的勉励,便站起来发愿:"好,我一星期两天不喝酒,一天不抽烟。"

过一阵子之后,这位志工告诉大家:"我原本每天抽两包烟,现在剩下一包;而且天天要到环保站,都没机会喝酒了。"每天都很开心、清醒地生活。

他的妻子也赞叹他:"连脾气都改了。"

自觉才能觉他,自度才能度人,有因缘自己改变人生,才有办法改变他人共同做好事;先清除自我内心垃圾,才能清除他人的心灵垃圾,人人心灵平台都干净无染,我们所住的地球当然也能净化。

能立志就是有智慧的人,即刻戒除不好的习性,改变生活习气,自然能培养真诚的爱——爱社区、爱乡亲、爱大地,发挥利益人群的工作。做环保不只是呵护地球、回收资源,也是自我回收,再造全新的人品,社会多一分明亮、清净。

修行六度

近年来各地灾祸之严重,看得到也感受得到,无不与"地、水、火、风"四大不调息息相关;因此环保是现代人必修的课程,亟需人人提高警觉。

环保志工身体力行,教育、影响了许多人;为了让大家分类过程更为便利、省力,自我提高智识,研发出各种环保工具。其实只要有心,不分年龄、学问,人人都有同等的无限潜能,凡事都是从自己的一念心开始。

佛法应落实于日常生活中,如《三十七助道品》中有"五根"、"五力"——信、精进、念、定、慧,只要将根扎稳,把力量用在对的地方,即能造福人群,保护大地。"五根"的第一项是"信根",所谓"信为道源功德母",万法根源即"信"。先要明辨善、恶法,相信"诸恶莫做",造了恶业,回到身上的就是恶报,所以要戒慎虔诚;并且相信"众善奉行",努力做好事,结好缘、种好因,播撒善的种子。

大地是众生所依靠,大地若不健康,人能平安吗?不少志工"老就是宝",一生为家庭辛勤付出,培养子女成为社会精英;年老时退而不休,即使是八九十岁仍投入环保。而且这群长辈很勤奋,每天早上听经、做早课后就到环保站,这不就是精进?所以环保志工具备"信"根、"精进"根,以及"念"根——念兹在兹,单纯心做好一件事。

还有"定"根,有人问环保志工:"你闲着没事,怎么不多休息,还要到处去捡垃圾?"志工们都很有定力,不受周围的人影响、动摇,坚定地回答:"不是捡垃圾,我们是在疼惜地球。"修行是在日常生活中;环保志工缩小自己,清除无明烦恼,智慧也随之增长,这就是"慧"根。

近年因景气低迷,物价波动,各类回收价格大幅滑落,以致利润微薄,一些厂商无意收购,连拾荒者也不想捡拾。环保志工依旧大街小巷奔走,我问:"你们还会继续做吗?"

他们毫不考虑地回答:"当然要继续,这是我们的家、我们的道场,大家都很感恩有机会在这里修行。"这群志工们知道慈济推动环保的初衷——为了爱护地球、延长物命。

每次看到老少齐聚环保站,尽管忙碌却有说有笑,宛如大家庭——家人信念一致,以行动肤慰大地、抢救地球资源。环保志工"布施"时间、体力与金钱,"持戒"改正烟、酒、赌等不良习气;锻炼不怕辛苦、不畏脏乱的"忍辱、精进、禅定"心,许多人因此忘却烦恼、扫除忧郁;将内心的垃圾清理干净,就是"智慧";环保站蕴含"六度波罗蜜",是健康身心的道场。

同时也有许多感人的故事。诸如在台南环保站,有几位年长志工,其中有位已经九十岁的阿公,身体健壮,站得挺直;他做环保已二十年,以前身体状况较差,依然发心做环保,用爱救地球。

他说："我每天都在师父的相片前，说：'师父，请您让我身体好，头脑清楚，身体健康，每天无烦恼，我就会每天做环保。'"每日天未亮时，他就走路到环保站，二十年来风雨无阻，身体愈做愈健康。

还有七十余岁的志工分享，过去每天都要注射点滴，行走也有困难，晚上必须依赖安眠药才能入睡；现在他不但健步如飞，还说："不知从何时开始，做环保做得很累，回来睡一睡，隔天准时起床又去做环保，都不用再吃药了。"做得很欢喜，身体毛病不知不觉中不药而愈，这就是身心调适。

许多环保志工不分身份、地位的高低，大家共同一心，以佛陀教育的"慈悲等观"，做得满心欢喜、轻安自在。有位许居士是一间金控公司的常务董事，生活富足的他知足又知福，还能付出做他人生命中的贵人。他的妻子参加慈济委员培训，一并帮他登记参加慈诚队培训，他觉得既然答应，就一定要做。

许居士将一个月的时间三等分，至少有十天做慈济事；在慈济一律平等，他轮勤务从不缺席，任何事都做得很好。

尤其喜欢做环保,总是不畏脏、重,与大家一起做,乐在其中;他认为人人来到人间,既然消耗大地资源,应该要回馈。做环保减少浪费资源,是造福;而且是修"功德"——内能自谦就是"功",外能礼让就是"德"。

许居士缩小自己,发挥纳米良能,钻入人人的心坎,让他人由衷敬爱、尊重,并以他为典范,真正是"富贵人生"。

环保志工是人生与大地的贵人,肯定、相信一句话——做就对了,即是发菩萨心、立菩萨愿。佛教徒常念"千手千眼观世音菩萨",其实除非到寺庙看到木雕、泥塑的菩萨像,否则如何看到"千手千眼"?观世音菩萨即是借重人人的心念坚定,大家伸出双手,同一个时间汇聚成百手、千手、万万手付出,成就大力量。

大地需要人人用心、用爱关怀,懂得疼惜大地自然会惜福爱物;即使废物名叫"垃圾",只要有心,就能回收转变成大地的宝贵资源。台湾不仅以善、以爱为宝,还以环保为宝;即使土地不大,环保站却如雨后春笋般冒出来,大家都是默默付出,无论天未亮或是夜已深,都能看到志工们在付出,这都是宝贵的力量。

台湾地狭人稠，尽管寸土寸金，许多人仍发心——无论是捐、租、无偿借用等，这都是菩萨心。有些地区寸地难寻，还是用心利用空间做环保；如台北信义区土地珍贵，人口密集，有位黄师姊在自家面店后方，用不到一坪的地，以铁笼子放回收物。她经营面店很忙碌，仍然把握时间，点滴回收，整理干净收入铁笼；能在如此狭窄的空间，做到整齐且无臭味，获得邻居的支持，真是不容易。

台北万华区有许多慈济环保志工，虽然长久以来难觅固定的地点，但是大家都是守志不动，一位年长的志工说："不论环保站搬到哪里，我就是跟到哪里。"做环保的心念很坚定。

后来终于租借到一处桥下空地，桥上车子川流不息，旁边邻近市场，可想而知环境有多吵杂；他们一边做环保，一边播放我讲经的录音带，当地有位张居士说："有师父的声音，就是庄严的修行道场。"因为心地静，自然排除周边杂音，这不都是禅定？其实心不动就是打禅定，这个环保站就是净心的地方。

观音山有处"土鸡城"，不知荒废了多久；因缘会合之下，当地的慈济环保志工共同出力，将其内外整修后成为环保站。整个园区的布置都是采用回收物，包含无法分类的物件也发挥巧思，拼成慈济标志；慈济人一念悲心，为了护大地、净人心，悲心一起，自然能发挥智慧，悲智双运。

还有一处环保站，原本是热闹的钓虾场，常常钓竿甩出去的同时，多少人钓上虾，可知那时虾受多大的痛苦——鱼钩钩在嘴里，被钓在半空中。钓虾场后来变成环保场，相对地也拯救不少生灵离苦，造很多福。

佛陀是宇宙大觉者，佛陀的觉性、智慧与精神，普遍在虚空之中。每个人都有与佛同等的智慧，我们的心要和他一样大；然而这远大的目标，一个人的力量做得到吗？做不到，因为凡夫出力的范围有限，所以需要大家合心，广吁人人来做。

慈济人自发提供土地做环保教育站，鼓励社区民众一起投入，有人因此改变了错误的观念，有人改正过去不好的习气；身体不好的人用心投入，也是做复健。每天用快乐的心面对大地万物道理，人与人之间和睦共处，发挥善的力量。

✒ 心净大地净

世间处处无不是妙法,只要内心能开启法源,涌出法泉、法水,就是一股清流,能入心净化、去除无明;如同掘井人,只要找到源头,用心挖掘,泉水自然会不断地涌现。

佛陀来人间一大事因缘,即为"开、示、悟、入众生佛之知见"。慈济环保志业也是一个法门,没有宗教、种族的分别,引领人人投入环保;透过做环保能惜福,明白物资道理,知道地球只有一个,应如何保护地球,这是"开"。

环保回收护持大爱台,大爱台所制播的新闻、节目,将普天之下四大不调所造成的灾难,展现在世界各地观众的面前,提醒大家环保的重要,这是"示"——示现万物来自地球,终有穷尽的时刻;为了代代子孙、来生再世,必须保护地球。

无论是在环保站,或是透过清流媒体学习万物道理,当大家能因此了解——既然住在地球上,同样造成环境污染,导致气候不调和,就应及时觉悟,这就是"悟"。慈济环保的法,即是呵护人心、大地,开启人人的智慧,保护万物资源;若能闻法,以清泉洗涤自心无明,就能"入"——入清净大爱,法喜充满,将净心清泉源源不绝地绕遍全球。

慈济环保站都是一个个福报站,处处用心整理,细心消毒清洁,做好敦亲睦邻,这也是一种环保人文;再走进慈济环保站,眼睛所接触的都是好话,如"青山无所争,福田用心耕"。借以想想,人生要计较什么? 尽管拥有的土地辽阔,疏于照顾也是杂草丛生;财产再多,只是放在银行的保险库里,若是看得开,就能透彻道理,所以要修心。

在这个空间中还能共修。慈济的修行之道在于如何接引他人,落实"佛法生活化,菩萨人间化",活出一个真正有品格、有品质的人生。方法就是"福田用心耕",人人的心中都有一亩福田,只要好好耕耘,一颗种子能产生无量,无量也是从一而生。

曾听过一件真实故事——有个贫穷人,虽然有块土地,但是没钱买种子,只能看着他人玉米田中结实累累。一日,他见人在捕捉老鼠,心想:老鼠能吃多少农作? 我若是种玉米,就让它们吃,一定还有剩下的部分可以给我。

不久,他在自己的土地上捡到一根老鼠啃过的玉米,于是用心剥下玉米粒播种,耕耘后竟收成饱满的玉米。他很感恩老鼠咬来种子,因此当附近许多人觉得鼠患为祸,难以耕作,纷纷卖掉土地时,他却不以为意,接连买下土地,勤于耕种。

他一念无争、无私的心,即已耕耘自己的心地了,所以能"福田用心耕",最终拥有大片土地的收成。这个故事道理同样适用于现代,在环保站做回收,内心无争、无染,且为人群与大地付出,无不是在耕福田。

常言"福人居福地,福地福人居",中文的"福"、"祸"字形相近,大家都喜欢追求享受、享福;须知福一旦享尽,祸就跟着来。见大自然已出现不调和——温室效应加剧,大地反扑,灾难频仍。想消弭灾难,唯有净化人心,以法水净化内心无明染著;人心若是清净无染,道理明彻,自然不会继续造业。

每个人都能走入环保站付出,诸如慈济环保志工同为净化大地、人心尽一分力,却各有背景——有人是好心好愿,主动投入,积极使用生命,造就典范人生;有人曾纸醉金迷,颠倒人生,接触慈济后,改变习气,转迷为悟,付出一分力量。因此要广为人间菩萨招生,将众生过去习气所造的业力逆转,变成一分福的力量,人人牵手合心就是改善生态、拯救众生的大力量。

南非有个蓝堤社区,原本治安不佳,连警察都不大敢进入;一群南非祖鲁族的慈济人与来自台湾的慈济人,勇敢地走入村庄援助贫困的居民。将近三年的时间,用爱不断地温柔肤慰,终于让一群强悍的居民,慢慢地变得祥和,不仅改正错误的习气,还进一步成为环保志工,这都是爱的力量。

原本在当地,从垃圾桶里或街道上捡东西,是一种卑微的行为,所以没有人愿意弯下腰捡垃圾。慈济人在发放物资时,宣导环保的重要性,以及部分物资来源,即是自垃圾回收所得。慈济人亲自力行的行动,让大家深为感动,社区居民开始互相勉励,发愿做环保,全村老少一致动起来,落实垃圾不落地、资源回收,从校园、商店,还有家庭,人人走出来做环保,市容焕然一新,成为一个社区环保典范。

爱的力量不限人数多寡,即使一人有时也会有意想不到的效应。高雄旗津有位邱师兄,曾因不甘被亲友、养父母辱骂,长期以暴力方式对待家人,暴戾乖张名声远播。有次他坐在公园里独自喝酒、沉思：为什么儿子已到适婚年龄，每次要与人谈论婚嫁，对方一听到是自己的孩子，一概回绝？他反省：自己到底错在哪里？

正好此时，邱师兄看到一群穿着"蓝天白云"制服的人沿路扫地、捡拾资源回收，心想：奇怪，又不是清洁队，为什么要做这些事？忍不住上前一探究竟。

一位师姊告诉他："我们是慈济志工，上人说：'要疼惜大地，要惜福。'"并分享慈济环保理念。他觉得很有道理，决定投入做环保。

村中一位鳗仔伯看到原本恶名昭彰的邱师兄，能从迷与误中觉醒，常常现身说法，忏悔过去，鳗仔伯与许多人都被他感动，跟着一起做环保。后来邱师兄往生，鳗仔伯仍未曾间断，还找了小学同学——发仔伯共同投入，两人一起在大榕树下做环保，也带动当地更多人加入环保志工的行列，这棵大榕树逐渐成为一个环保点。

当鳗仔伯罹患癌症，病危时告诉发仔伯："我现在什么都没有挂碍，最担心的就是环保没人接手。"欲将环保重任托付给发仔伯，发仔伯因为两人友谊深厚，便承担下来。孝顺的发仔伯已经七十余岁,还亲自照顾高龄九十的老母亲,从不假他人之手;每天清晨四点先到街道捡拾资源,到了六七点回家侍候母亲用餐,将母亲照顾得无微不至,那分孝心也是儿女心目中的典范。

这分环保友谊传承令人感动,从邱师兄开始带动,鳗仔伯守护这块土地,发仔伯惜友谊、守信用、秉孝道,忠于这分无私的工作;他们都很纯朴,而且耐劳耐怨,疼惜土地。他们在环保站里,也培养出数十位慈济委员。

近来我展开一趟"环保感恩之旅",看到各地环保志工用心、用爱的投入与付出,不是盲目地做,是明白道理、很有智慧地做,而且环保站中充满人与人之间温馨的故事。

诸如盐埔有个环保站是以大树为家,在树下做环保,我问他们:"下雨怎么办?"

"穿雨衣。"

"如果雨很大呢?"

"就休息一下。"大家都很有毅力。

这个地方原是陈老居士的土地,起初是陈老太太先投入环保。现年七十五岁的陈老太太,近二十年前,她搭乘慈济列车到静思精舍参观,听我说要做环保就开始响应;刚做环保时,却面临重重困难——第一,身体不好;她为了要做环保,努力克服多病的障碍。第二,先生不认同,因此她每天收好资源,就寄放在别人的地方,数年如一日。

陈老居士当时很生气,曾对太太说:"你再去做,我就打断你的脚!"

陈老太太说:"你打断我的脚,我用爬的也要去收。"

陈老太太做环保的心很坚定,而且对人诚恳,带动了一群人和她一起做;陈老居士看着看着也受到感动,就说:"你那些回收物要寄放别人家,不如就在我们的土地做。"

数年来,大家就在这树下做环保。大家愈做愈欢喜,陈老居士不由自己地和人一起做;有一次看到他人在折报纸,实在看不过去,说:"应该要这样折。来,我折给你们看。"从此陈老居士专心投入,脾气也渐渐地改变。

陈老居士带我看他如何折报纸,真的折得很平整。后来我夸赞陈老太太带动环保的毅力,他也附和:"她真的很认真。"

我对他说:"感恩你这么支持你太太。"

他说:"我都叫她'阿母'。"

我问陈老太太:"你有叫他'阿爸'吗?"

她说:"没有。"

我说:"你现在开始要叫他'阿爸'。"

他们一个叫"阿母",一个叫"阿爸",气氛轻松又温馨,难以想象当初两人如何恶言相向。

大爱台同仁曾访问陈老太太,她说:"我差点造了很大的恶业,有时白天任他打、骂,半夜想想,差点做傻事。"

她表示,幸好到了花莲听师父说话,常看大爱台改变她的脾气,否则:"一旦做了傻事,就结下怨业。"

"现在还会不会有不好的念头?"

"不会了。"

如今老夫妻俩彼此勉励,老太太收了报纸就拿给老先生折,日子过得和乐融融。

家人彼此影响投入做环保的例子还有很多,如有位薛居士和太太投入慈济,了解做环保对当前环境的迫切性,因此致力推动。在他们居住的村子里没有地方可做环保站,薛居士就向父亲和三个哥哥提出要使用家中的土地,父亲不仅一口答应,还勉励他们兄弟都要投入。

尽管后来父亲往生,兄弟之间仍很合心。曾有人看中这块土地出高价购买,他们认为:钱不重要,重要的是这块土地能造福乡里,让大家肯定环保,所以无论他人出价再高,都不卖。薛家兄友弟恭,妯娌和合,一心投入环保,真是一个美满的环保家庭。

大自然无时不在、无处不有给予人类课题,无论是何种人、事、物,都在警惕着我们要觉醒、省思。人人对人生、大自然的课题,要有很深的觉悟,用功应对;我们要如何用功,应对这样的课题?唯一就是净化人心,戒慎虔诚。大地受伤,我们要尽心付出,希望把心募出来,就是净化一个人;募一个人的心,世间即净化一分。

人人提出爱心造福,生活戒慎,虔诚祈祷。心灵善良的声音,上达诸佛菩萨、诸天听。法要多听,入心才"有法度"——有法度人。耕耘福田不能只是耕种而不播种子,播了种子不能不除杂草;将内心善种照顾好,让它发芽成小树,长成大树,结果累累,即能"一生无量,无量从一生"。

第十三章
清净在源头

　　慈济环保走过二十余年，从"用鼓掌的双手做环保"扩为"推动在全球"，这都是环保志工双手做出的成果。在环保观念日益普及的现下，我们应该要精益求精——清净在源头。

　　所谓"清净在源头"，是要重视环保回收，不要随手扔弃，让废弃物成为垃圾，日后再从垃圾堆中挑捡回收；届时好好的资源也已混杂污秽，发出不好的气味，还会招引苍蝇、蚊子等，影响环境卫生，环保志工分类时会很辛苦。所以希望能多多宣导，每个家庭若有使用瓶罐等回收物，能保持干净另外收存，再集中送至环保站，如此就能直接"回收资源"。

生活中提倡勤俭，勤俭是美德，也是良好的家庭教育，更是为社会造福。人人都可以做环保，这是"捡福"——将他人丢弃的福捡回，能为己造福，重要的是疼惜资源。

✍ 万物归源，提升精质

现代社会有许多乱象，需要佛法在人间，也需要有人间菩萨指引方向；慈济法门即是接引大家力行落实"佛法生活化，菩萨人间化"。面对佛陀所说的经典，"经者，道也；道者，路也"，这是佛陀为我们指引的道路；所以"学佛"是要达到佛陀的境界，就如学徒要"学师"——学到与师父同样的功夫，大家要用心追随佛陀的步伐，身体力行菩萨道。

慈济推动环保，称环保站为环保道场，有人可能会想：佛教与环保有何关系？佛陀是宇宙大觉者，也是生理学家，向我们分析"观身不净"——每个人的身体都不干净，即使每天沐浴、盥洗，仍会脏污；呼吸、流汗、排泄，都是污染，更大的污染就是"欲心"。浪费就是一种贪欲的习性，以前人惜福爱物，如果看到有人浪费物品，都会劝说："浪费会遭因果。"

我们要有因果观，倘若过度花费，就如在银行未存钱，就想借款，将来如何还债？又如现代流行使用信用卡，刷卡购物很容易；其实只是先向银行借贷消费，之后还是必须还款，万一没钱可还时，该怎么办？留下的还是自己的烦恼、压力。购买得多，汰旧换新得快，制造垃圾也就多了。

其实垃圾也有一体两面——随手丢弃，成为垃圾；随手回收，即是资源。只是一个动作，方向偏差就是浪费物资、暴殄天物，破坏环境卫生；换一个动作能疼惜物命，惜福爱物，切勿浪费消福。

看到慈济环保站，环保志工们做到很专精，有一次看到许多老人家分类塑胶袋，还要进一步检视与裁剪，一问才知，将印刷部分剪开，分类品质更精纯。

还看到连药袋袋口上的夹链，有条小小的红边，他们也要一一仔细地撕开。志工告诉我，撕开分类比不撕的回收价格一公斤多好几元。我问他们："你们要撕多少，才能换得那几元？"

他们说："我们并非为钱做的，是为了提升品质。"

环保志工的精神令人敬佩，这无疑是在练耐心也是练定力，不嫌麻烦地一个一个撕下、剪开，不同种类各自分类集中。塑胶袋集中好仍蓬松，他们利用机器挤压包装好；薄薄的塑胶，每天累积也有可观的数量。大家积少成多，用爱惜福，分毫都舍不得浪费。

其余纸类、金属类、玻璃类及瓶瓶罐罐等，都是如此"清净在源头"，提升回收的品质，还曾发生过一段插曲——一位志工在分类塑胶罐时，打开一个药罐清理内部，拿出封口的棉花，赫然发现一包金饰。

志工第一个念头是要找到失主，但是寻主过程并不容易，先追到大致的回收地点，靠着药罐里诊所名称的线索访查；好不容易找到诊所，原先不肯提供资料，见是慈济人为归还金饰，才透露名字而辗转找到失主。原来，失主已过世，家人不知她有这些金饰，感动于慈济人的锲而不舍精神，决定将这包金饰捐为善款。志工们因为秉持"清净在源头"的精神，意外成就了一家人的善行。

大家希望生生世世富有，社会祥和，这需要有"公德心"；成就社会公德心来自每个人的私德——大家若能有爱心,自我净化、付出善行,这就是德行;人人若有德,合为公众之德就是"公德"。

万物都有生命,使用一件物品愈久,即是延长其物命;物命终止,回归源头;环保回收废弃的物品,重新再制、翻新,即是赋予物品新生命。

天地间一物含藏万法,万物归源,归源无二物;源头为一,却能千变万化成形形色色的物品,诸如过去刚发明人造丝时,应用到制衣产业,有尼龙、开司米龙等,因为稀有,所以售价昂贵,其实衣服原料从石油而来。

工业愈来愈发达,大量开采石油,发现能做成许多物品,广泛制造、使用后逐渐变得廉价,又制成更多形形色色的物品,对石油的需求更大,这是恶性循环。

既然已知各种塑胶制品的源头都是来自石油,就能回收各式各样的物品,回归源头。因此大家投入一分心力,人工分类精细、清楚,提升精质的品质,将回收物干干净净地送到工厂时,就能进一步还原为可利用的资源。

每一项物品的原料都很宝贵,制作成品之后,若不能好好利用,真的很可惜。我们不只是不浪费,还要节省;不只节省,还要惜福,并且回收资源再利用,做一个造福的人。

诸如宝特瓶回归聚酯粒,经过抽丝便可织布、制衣物。我们制成的环保毛毯已近百万条,不但使用在国内的慈善关怀,也运用在国际急难救援,都是大家用心回收再制的成果,也代表台湾善良、有爱心的人多,不仅以善、以爱为宝,还以"环保"为宝。

我们推行环保,深入社区,无论在哪个时间、空间,都能看到环保志工努力分类资源的身影,大家不怕脏、不怕臭,这不是普通人做得到的。尤其是慈济环保志工不分男女老幼,不乏许多在社会上有身份地位的人士;能展现平等爱的"放下身段、缩小自己",就是修行的真功夫。

做环保不困难,只要大家伸出双手付出,就能带动出百手、千手、万万手,一起为保护大地、净化空气做环保;用心做环保的人,都是福慧兼具的富贵人——"富有爱心,贵有智慧",是最有价值的人生。

回归清净要虔诚从心灵环保——内心的修养做起,落实节俭生活,推动到家庭、社区,乃至全世界。希望人人在日常生活平平安安,在环保中物物疼惜,都能成为环保典范。

📎 落实在家庭

传统社会中，多数家庭都在自家准备早餐，全家人一早团圆，吃到"妈妈的味道"或是"媳妇的料理"，即使是简单的稀饭、酱菜，就能感受家庭温馨，拥有家庭的幸福感。所以日常生活中即能用心于环保，诸如家中作饭，家人吃多少就煮多少，不要有厨余、油水流到下水道，不仅浪费食物，日积月累也会造成阻塞、污染。

用餐时，即使是一家人也要养成公筷母匙的好习惯，如此菜汤能保持干净，吃不完隔餐还可以食用，也不会一人感冒全家传染；用过餐后可以倒一些开水于碗盘，将油水惜福喝下，碗盘好洗不油腻，这都是前人传下的生活智慧。

此外，帮家人烧开水，大家出门时自己携带饮水，就不必再买瓶装水，既卫生、省钱，又不会制造垃圾；其实瓶装水价格比自来水高昂数倍，用一度水就能烧多少开水[①]。减

---

① 以常见的六百毫升瓶装水为例，价格约十八元（新台币，下同。——编者注）；一度自来水约十元，约可装满一千六百六十六罐瓶装水。

少饮用果汁、饮料,若是买了就要喝干净,不要喝一半就丢弃;喝完最好能稍微用开水冲一下,既能喝干净也保持瓶子不肮脏,否则若有剩余的食物,放久会腐坏,孳生蚊虫苍蝇;一旦有积水,就要担心蚊子传播登革热。

看到许多慈济环保站志工在做分类,一打开塑胶袋气味冲天,有没吃完的便当盒,残留的果汁罐、牛奶瓶等,志工们必须忍住气味——清洗;不但会有卫生问题,也浪费许多水资源。

因此做环保不只是回收资源,也要宣导维护社区卫生,最简单的方式即是家家做环保。如果能到环保站参与做环保最好,或是每个家庭成员动手做,将瓶瓶罐罐保持干净、另外收存,之后再拿到环保站,如此也是功德无量。

诸如有位庄师姊,在家勤做环保,每项资源使用后都会一一分类回收;饮料用完一定倒入开水喝干净,惜福又能节省清洗的水资源,家中堆放回收物也不会有异味。还有人用电锅煮饭的同时将菜蒸熟,省水、省电也能供给一家生活,点点滴滴都是每个人举手动作能做到。

还有更多人用心从自己做起,带动邻里做到"清净在源头"。一对罗姓夫妻住在林口一个六七百户的社区,长期推动环保,影响家家户户资源不落地。原本每周左邻右舍会将平常收集的资源,集中在大庭院做分类,后来家家自行就做好清洁与分类,干净的资源只要装箱载运就行了;只要人人不随意乱丢变成垃圾,影响社区环境卫生,为社区人人平安着想,卫生要照顾好,就是整体的干净之美。

清净的动作是人所做的,能做好环保回收"物归源头",就不需要多往山体开矿,不必再抽地底石油,这都是对地球的破坏;回收再制让社会物资不欠缺,这就是惜物。物资不断地循环再制,如同佛陀告诉我们人人都在轮回中,好好地净化己心,去除不良习气,再回来就会有福。

大家应珍惜现有资源不要耗用殆尽、制造垃圾;过去我们说"垃圾变黄金,黄金变爱心,爱心化清流",现在要进一步"资源变黄金,黄金化清流,清流绕全球",大家付出心力照顾地球,是为社区做好环境整洁,为社会净化大地,为子孙留一个干净的地球,还要留住我们下辈子再来时,仍是一个丰富的人间。因此做环保不仅是爱护地球,还是爱护人类、爱护天下万物。

俗云:"大富由天,小富由勤俭。"大家惜物命、懂节俭,就是最美的道德观念;尤其做环保,对人人身心健康很有帮助。

大家共同一念的爱心——爱人类、爱地球,环保一起做;彼此志同道合,好人相聚,互说好话,做得快乐、欢喜,相信社区气氛会很温馨,所以我们一定要有信心。

附录

【附录一】
二〇〇九年慈济台湾地区各类资源回收总重量

资料来源：慈济基金会宗教处

挽救大树：　　**1,458,419** 棵
回收总重量：**125,561,560** 公斤

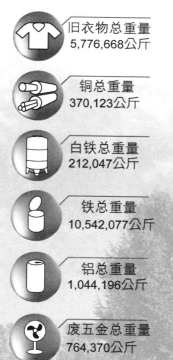

旧衣物总重量
5,776,668公斤

铜总重量
370,123公斤

白铁总重量
212,047公斤

铁总重量
10,542,077公斤

铝总重量
1,044,196公斤

废五金总重量
764,370公斤

玻璃总重量
10,548,487公斤

宝特瓶总重量
12,156,798公斤

铝箔包总重量
502,982公斤

塑料总重量
8,658,388公斤

纸总重量
72,920,943公斤

其他总重量
2,064,481公斤

【附录二】
二〇〇九年慈济全球环保志工人数暨环保站数据
资料来源：慈济基金会宗教处

全球　　**17** 个国家地区
设置　**5,243** 个环保站
共计 **80,089** 位环保志工

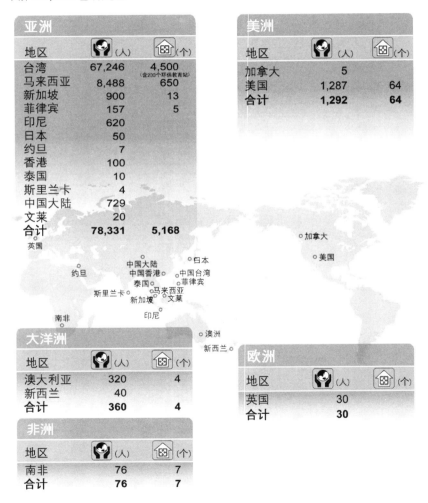

亚洲

地区	(人)	(个)
台湾	67,246	4,500 (含230个环保教育站)
马来西亚	8,488	650
新加坡	900	13
菲律宾	157	5
印尼	620	
日本	50	
约旦	7	
香港	100	
泰国	10	
斯里兰卡	4	
中国大陆	729	
文莱	20	
合计	**78,331**	**5,168**

美洲

地区	(人)	(个)
加拿大	5	
美国	1,287	64
合计	**1,292**	**64**

大洋洲

地区	(人)	(个)
澳大利亚	320	4
新西兰	40	
合计	**360**	**4**

非洲

地区	(人)	(个)
南非	76	7
合计	**76**	**7**

欧洲

地区	(人)	(个)
英国	30	
合计	**30**	

慈济环保年表

一九九〇年八月廿三日

　　证严上人应吴尊贤文教公益基金会邀请,于台中新民商工演讲。演讲中上人鼓励听众:"用鼓掌的双手做环保",带动慈济环保起步。

一九九二年三月十二日

　　"预约人间净土"——环保绿化篇系列活动展开,宗旨在于落实全民绿化工作,推广环保护生观念,珍惜地球万物资源。

一九九四年一

　　慈济全面推动环保餐具——环保碗、环保筷、环保杯的使用。

一九九五年一

　　马来西亚马六甲慈露师姊因受台湾环保志工的精神所

感动,在马六甲、吉隆坡展开环保的实际行动及观念的推广。

一九九六年一

贺伯台风重创台湾山区,证严上人亲临灾区,公开呼吁大家要"救山救海荫子孙"。

一九九七年六月廿一至廿二日

第一次举办"全省环保志工寻根之旅",共计五百名环保志工参加。

一九九九年九月廿三日

九二一集集大地震,是日证严上人指示设法做到消毒防疫、卫生设备、迅速兴建简易屋等;热食供应,则应避免使用保丽龙碗,以免加重灾区环境污染问题。

二〇〇〇年十月二日

花莲慈济医院因资源分类回收、节水设施、员工自备环保碗筷、环境绿美化等环保措施，荣获"环保署"颁发"办公室做环保绩优单位"奖项。

二〇〇一年九月十七日

纳莉台风袭台，大台北地区水患严重，慈济使用环保餐具供应受灾民众超过六十六万个便当，志工藉此向民众宣导珍惜物资、疼惜大地的观念。

二〇〇二年十一月八日

花莲慈济医院获颁"经济部""节约能源杰出奖"，奖励其使用雨水回收系统设备、地面铺设连锁砖、医院电子化、垃圾资源回收、员工用餐自备环保餐具，以及应用太阳能在照明、用水上。

二〇〇四年八月十三日

国际慈济人道援助会(Tzuchi International Humanitarian Aid Association, TIHAA)，简称"慈济人援会"正式成立，秉持环保理念，研发救灾物资，以协助提高慈济赈灾效率。

二○○五年六月一至五日

台湾佛教慈济基金会美国总会应邀参与联合国"世界环保日"（World Environment Day）活动，于开幕典礼中致辞，并在"绿都市展览"会中设摊，向与会的世界各国分享慈济环保理念。

二○○五年六月三日

证严上人对众提倡"环保五化"：年轻化、生活化、知识化、家庭化、心灵化，并于十月经由《中国时报》媒体宣导。

二○○五年十月十五日

屏东分会与树德科技大学举办四梯次的环保身心灵教育课程，让学生们亲自参与资源回收工作，了解垃圾减量、爱惜地球资源的重要性。

二○○六年二月廿六日

慈济新加坡分会自静思堂启用后，首次于巴西立海滩公园举办大规模环保活动，主要是回馈社区并推广环保理念,参与活动志工共计一百三十五人。

二〇〇六年三月五日

江苏省昆山市新浦路慈济环保站正式成立,并举办资源回收活动,会众一百多人前来响应。自三月起,每个月第一周的周日,定期举办环保回收日。

二〇〇六年三月廿八日

大甲妈祖绕境;第一次由慈济志工主动承担净街活动。

二〇〇六年四月廿二日

庆祝慈济四十周年,并响应四月廿二日世界地球日,于当天举办"让爱传出去"行动,全台志工广邀民众扫街、净滩、净山与环保体验,近三万人参与。

二〇〇七年三月四日

证严上人呼吁推动"克己复礼,民德归厚",希望提升人人环保意识与礼节、道德观念。

二〇〇七年四月八日

福建省福鼎慈济环保站启用,并订定此日为福鼎慈济第一个环保日。

二〇〇七年四月廿一至廿九日

二〇〇七年度大甲妈祖绕境活动,佛教慈济功德会大甲区志工发起"克己复礼、香客有礼"环保活动,设置资源回收站,宣导"垃圾不落地、妈祖好子弟、自备碗筷用点心、惜福造物荫子孙"。

二〇〇七年四月十七日

慈济志工在美国西海岸推动环保有成,慈济基金会荣获美国国家环境保护局(U. S. Environmental Protection Agency)第九届"环保成就奖"。

二〇〇八年四月十七日

面对全球暖化,导致生态浩劫及粮食危机,慈济基金会提出"疼惜大地,力行减碳333"的呼吁,并分别于十九及廿六日于花莲静思堂举办特映会与专题演讲。

二〇〇八年四月廿一日

台北忠孝东路包括神旺饭店、明曜百货、灿坤、永福楼共五百多个商家,响应慈济节能减碳地球日活动——"熄招牌灯十分钟"行动。

二〇〇八年十二月四日

由国际慈济人道援助会五位实业家共同出资成立的"大爱感恩科技公司",是日获准正式设立,主要致力研发各种环保产品,销售盈余捐给慈济基金会。

二〇一〇年元月

《远见》杂志首次举办"迈向哥本哈根,寻找台湾环境英雄"选拔活动,证严上人身体力行环保,并带动暨影响全球慈济人投身环保行列,获评为"官员及领袖类"台湾环境英雄。

二〇一〇年四月十七日

适逢世界地球日四十周年、慈济推动环保运动二十年。台湾地区慈济大专青年联谊会志工发起"时代青年千万素·减少百万 CO_2"运动。

二〇一〇年六月廿五日

于台北关渡志业园区举行"环保干部暨全球干部研习工作团队感恩座谈",证严上人首次公开呼吁"环保清净在源头"。

二〇一〇年九月一

感恩慈济人力行环保二十年,证严上人展开全台"环保感恩之旅",感恩慈济环保志工致力环保之功。

图书在版编目(CIP)数据

清净在源头/释证严著. —上海:复旦大学出版社,2013.3(2020.6 重印)
(证严上人著作·静思法脉丛书)
ISBN 978-7-309-09265-3

Ⅰ.清… Ⅱ.释… Ⅲ.人文及环境保护-普及读物 Ⅳ.X-49

中国版本图书馆 CIP 数据核字(2012)第 230214 号

慈济全球信息网:http://www.tzuchi.org.tw/
静思书轩网址:http://www.jingsi.com.tw/
苏州静思书轩:http://www.jingsi.js.cn/

原版权所有者:静思人文志业股份有限公司授权复旦大学出版社
独家出版发行简体字版

清净在源头
释证严 著
责任编辑/邵   丹

复旦大学出版社有限公司出版发行
上海市国权路 579 号   邮编:200433
网址:fupnet@ fudanpress.com   http://www.fudanpress.com
门市零售:86-21-65102580   团体订购:86-21-65104505
外埠邮购:86-21-65642846   出版部电话:86-21-65642845
上海崇明裕安印刷厂

开本 890×1240   1/32   印张 7.375   字数 100 千
2020 年 6 月第 1 版第 4 次印刷
印数 13 301—16 400

ISBN 978-7-309-09265-3/X·15
定价:28.00 元